冲旋制粉技术的实践研究

常　森　主编

U0211138

ZHEJIANG UNIVERSITY PRESS
浙江大学出版社
·杭州·

图书在版编目（CIP）数据

冲旋制粉技术的实践研究 / 常森主编. -- 杭州：
浙江大学出版社，2024.5
ISBN 978-7-308-24834-1

Ⅰ．①冲… Ⅱ．①常… Ⅲ．①制粉—研究 Ⅳ.
①TF123

中国国家版本馆CIP数据核字(2024)第075338号

冲旋制粉技术的实践研究

常　森　主编

责任编辑	季　峥
责任校对	潘晶晶
封面设计	周　灵
出版发行	浙江大学出版社
	（杭州市天目山路148号　　邮政编码　310007）
	（网址：http://www.zjupress.com）
排　　版	杭州林智广告有限公司
印　　刷	浙江新华数码印务有限公司
开　　本	787mm×1092mm　1/16
印　　张	12.75
字　　数	257千
版 印 次	2024年5月第1版　2024年5月第1次印刷
书　　号	ISBN 978-7-308-24834-1
定　　价	59.00元

编委会

作者简介

常森，男，1933年生，浙江丽水人，教授级高级工程师。

1953年处州中学（现浙江丽水中学）毕业，进入浙江大学，后经选拔出国学习。

1958年毕业于苏联乌拉尔工业大学冶金机械专业。先后在北京钢铁设计研究总院和浙江省冶金研究院工作。曾担任工程项目负责人、设备研究室主任、浙江省级金属喷涂技术中心主任；浙江省金属学会冶金设备学委会秘书长和浙江省冶金系统高级职称评委等职，兼任多家粉体工程公司总工程师。一直从事冶金机械和压力加工专业。参加和负责大小工程和研究课题上百项，其中有国家级和省部级重点工程4项、援外重点工程1项、粉体工程超百项；获国家冶金部西南建设指挥部表彰；获省、市级科学技术进步奖3项；发表论文80多篇，其中1篇入选《中华文库》（入选编号F10188F6），提出并发表《机械工态场流理论》；出版著作4本。经单位组织推荐，1989年入编《中国工程师名人大全》（湖北科学技术出版社，1989年版），1997年入编《中国专家人名辞典》（改革出版社，1997年版）。

自　序

我国硅业发展迅速，产品畅销国内外。硅制粉技术随之形成，并日益成长和完善提高。目前，冲旋制粉技术已居重要地位，全国有 200 多条生产线，且硅粉品质优良，为下游产品（有机硅、多晶硅等）生产指标的改进做出积极贡献。冲旋制粉技术在生产实践中得到提升，经优化、挖潜、改进和充实，生产性能和指标等均处于领先水平。为提高冲旋制粉技术水平，笔者围绕生产实践进行跟踪研讨，总结成效，遴选案例，撰写相应专题论述，供业内参阅。为便于交流，现将这些论述付梓成书，取名《冲旋制粉技术的实践研究》。相对先前出版的《冲旋制粉技术的理念实践》，本书偏重于实践应用，可以看作前书的续编，两者相互照应，形成较完整的文献资料。

众多生产线各有任务，其中最主要的指标是粉体的质量、成品率、粒度、产量。笔者采取有效措施，发挥冲旋制粉工艺设备的优势，获得最佳效果，其间创建了许多操作和优化改进技法。笔者亦将经历的失误和挫折、概括的经验教训记载于本书。

笔者把理论很顺畅地付诸实践，而实践提供经验，使理论深化。在生产实践中还涌现出很多奇妙的问题，亟待我们下苦功努力解决，择其中主要的列于下。

①刀具的粉碎功效，如粉碎刀具应具备的结构要素、最适应物料粉碎的机制、粉碎参数（速度、频率等）的选择。

②粒度的调控技艺的完整创建。

③粉碎刀具、反击板、箅条等耐磨性的提高。

冲旋制粉技术的根本在于生产线的"三项理念"和解难的"辩证技法——三理"。它们的内涵经不断考核和充实，已更加完善。今后更要以它们指导制粉工艺与设备的优化工作，以求取得更佳成效，并期望于此过程中顺利地解决前述三个问题。让理论和实践结合，为硅业发展贡献力量！

目 录

第一篇 硅 粉

第二篇　石灰石脱硫粉

附　录

第一篇

硅　粉

对撞硅制粉品质对有机合成的实效评述

——硅粉高质效的研究

摘要： 对撞硅制粉品质对有机硅单体合成的实效，已获生产实际验证，仅硅单耗就降低 5kg/t，效益明显。实效获得的原因在于对撞制粉方法的优越。它开拓了由硅粉制取品质可提高合成指标的先例，打破了以往的观念，为制粉技术能增强合成反应提供依据。

经近年来研发和生产实际考验，对撞制粉技术在以往冲旋制粉技术的基础上获得很大进步，在有机硅用粉生产线上充分显示出独具的特色和优势，在多晶硅用粉生产线上更显效用，使硅粉品质更好地满足合成中物质转化和硅资源优化利用的要求。当前，对撞制粉已在实际生产中做出贡献。有必要介绍和分析该技术的应用实效。

1. 对撞制粉技术特点 [1-5]

（1）循着硅加工硬化特性，设置三重粉碎过程，为高效获得高质量产品奠定基础。产量达到 > 5t/h，活性 2 级（参见附录 1）。

（2）利用硅晶体解理特性，设置相应刀具和粉碎参数，使硅粉粒表面显露高密度原子态势构型，获得产品高活性。

（3）采用两个相向异速转动转子的结构，以形成硅剪切性粉碎为主，降低能耗、保持选择性粉碎进程、调整粒度（又称粒径），达到高效粒度集质构型，配置新型筛分，满足合成反应对硅粉粒度组成的要求。

（4）为提高技术经济社会效益打下坚实的基础。充分剖析硅的结构和性质，顺应其粉碎特性，运用冲旋力能的优势，将原料硅低能耗地转化成高品质硅粉，从而获得相当不错的有机硅单体合成指标。

（5）工艺先进，设备可靠，能耗低，效率高，加工成本低，操作简练，维修方便，环保性达标，安全洁净。

（6）生产方式有常态和保护气态两种。按相应设备配置和安全操作规程操作均安全可靠。

2. 对撞硅粉（有机硅用）产品特性[1-5]

（1）粒度组成合理

粒度：当前常用 40 ～ 325 目（45 ～ 350μm）

+40 目粉占比 ≤ 1%，–325 目粉占比 ≤ 15%

集质度：窄形正态分布。而筛分的配置又保证该曲线型高质效兑现。

粒度和集质度均可按要求进行灵活调节。

硅粉在中径区（中径前后共 20%）范围内具有最佳性能，而其质量在总质量中占 80%，是硅粉中的精华。

（2）合成反应活性好

①比表面积大。比表面积比一般硅粉高 50%。②粒粗晶细。粒粗，则满足合成流程要求；晶细，则活性高。③表面高原子态势构型。颗粒外表面 50% 以上系解理面，原子分布密度最高，参与合成反应能力强。

至于原子态势的作用，当前，如有机合成、矿山浮选、催化反应等都是物料分子分解、原子重组过程，原子作用明显。因而提出了"原子经济"的概念，以参与反应物的原子数利用率评定反应效果。由此可见原子密度的重要性。硅的晶体结构中，晶面（111）是解理面，拥有最大原子密度。该面在晶体中呈层状布设，层间结合力也差，在合成反应中逐层被氯甲烷带走，获得最佳合成效果。原子密集的解理面表明活性高。

（3）粉体呈现银灰色金属光泽，细粉量适当

上述全套产品特性，均经过实际检测证实。

3. 检测验证结果

（1）粒度集质曲线

用对撞冲旋制粉机生产的硅粉实测粒度，绘制高效粒度二八型集质曲线（图 1），可作为判断合成效果高低的依据。

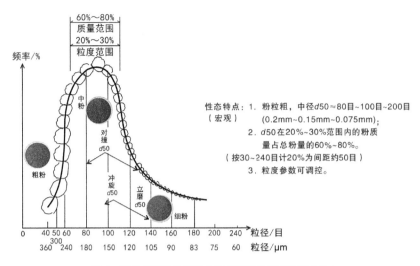

60%～80%
质量范围
20%～30%
粒度范围
频率/%
中粉
对撞
d50
冲旋
d50
立磨
d50
粗粉
细粉
性态特点：1. 粉粒粗，中径d50≈80目~100目~200目
（宏观）
(0.2mm~0.15mm~0.075mm);
2. d50在20%~30%范围内的粉质
量占总粉量的60%~80%。
（按30~240目计20%为间距约50目）
3. 粒度参数可调控。
0
40 50 60 80 100 120 140 160 180 200 240
粒径/目
300
360 240 180 150 120 105 90 83 75 60
粒径/μm

图 1 硅粉体高效构型图（高效粒度二八型集质曲线）

（2）粒粗晶细

硅粉颗粒粗，晶粒细(图 2 ～图 4)。3 种粉中，立磨粉粒粗晶粗，对撞粉粒粗晶细，冲旋粉居中，说明反应活性能量大小。

200 μm
颗粒A
晶界裂纹
晶界裂纹
亚晶界
晶界

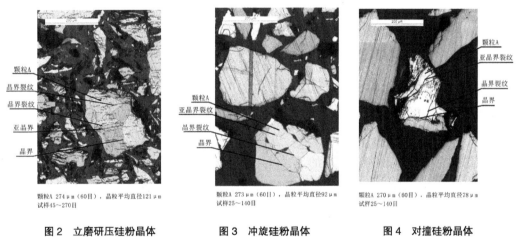

颗粒A 274μm（60目），晶粒平均直径121μm
试样45～270目

图 2 立磨研压硅粉晶体金相显微图

200 μm
颗粒A
亚晶界裂纹
晶界裂纹
晶界

颗粒A 273μm（60目），晶粒平均直径92μm
试样25～140目

图 3 冲旋硅粉晶体金相显微图

200 μm
颗粒A
亚晶界裂纹
晶界裂纹
晶界

颗粒A 270μm（60目），晶粒平均直径78μm
试样25～140目

图 4 对撞硅粉晶体金相显微图

（3）比表面积

用表面孔径分析仪 ASAP2020 Bet-N_2 以吸收法测得的数据见表 1（参见附录 2）。结果显示，对撞粉的比表面积最大。

表1　硅各类制粉晶粒和活性检测数据比较表

序号	检测方法	锤击（拍击）	轮研（压击）	冲旋（劈击）	对撞（互击）	活性比较
1	X射线衍射晶粒平均粒径的相对值	1.31	1.25	1.14	1	相对值小，晶粒细，活性高。
2	金相图比表面积的相对值	0.58	0.4	0.62	1	相对值大，比表面积大，活性高。

注：①晶粒平均粒径的相对值，即以对撞（互击）粉的晶粒平均直径与其的比值为1时，其他粉的晶粒平均直径与其的比值。晶粒细，比表面积大，表面能高，反应活性呈非线性增强。

②检测粉粒为30～140目，即近似0.1～0.5mm范围。

③使用布鲁克D8 Advance型X射线衍射仪。

④比表面积采用表面孔径分析仪ASAP2020 Bet-N$_2$以吸收法测得，再以对撞（互击）为1，求得相对值。

（4）活性测定

浙江地质矿产研究所就三种硅粉进行了活性检测（见《硅粉活性的检测通报》），显示对撞粉的性能最佳。检测结果可供制定活性标准，评定活性高低。

（5）解理面检验

浙江省冶金产品质量检验有限公司运用扫描电镜，检测出三种硅粉的外表面晶面解理量以对撞粉最大，冲旋粉居中，立磨粉最小（见《硅粉外表面晶面量测量》），从而辨明活性强弱。

硅粉粒外表面由三类主晶面系（100）、（110）、（111）组成，其性能不同，化学反应活性以（111）面的最佳。而（111）面正是硅晶体的解理面，在制粉粉碎过程中，最易碎裂，呈河流花样状。利用此特性，可制取含（111）面最多的晶体，获得高活性硅粉。因此，按（111）面所占表面的量，可判别硅粉质量高低。

运用扫描电镜能显示硅粉的表面形貌，估算（111）面的含量。现对三种不同制粉生产方式所得硅粉做检测，结果见图5。

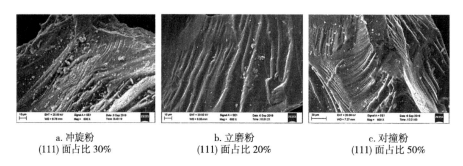

a. 冲旋粉　　　　　　　b. 立磨粉　　　　　　　c. 对撞粉
(111) 面占比30%　　　　(111) 面占比20%　　　　(111) 面占比50%

图5　扫描电镜照片

按样品系列照片估算，冲旋粉、立磨粉、对撞粉的（111）面的面积分别占总表面积的 30%、20%、50%

结论:（111）面所占比例，确定为对撞粉最高，立磨粉最低，冲旋粉居中。活性由高到低依次为：对撞粉、冲旋粉、立磨粉。

（6）高原子态势

图 6 显示，外表面上（111）面正是解理面，其所含原子密度最大，呈现的高原子态势构型最佳，活性最好。而三种粉中，对撞粉外表面上（111）面占 50%，其次是冲旋粉和立磨粉。

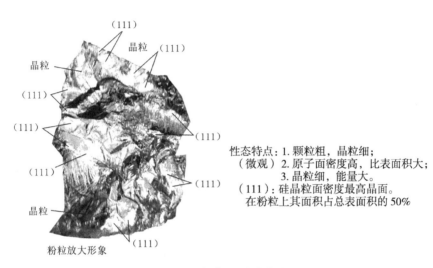

性态特点：1. 颗粒粗，晶粒细；
（微观） 2. 原子面密度高，比表面积大；
3. 晶粒细，能量大。
（111）：硅晶粒面密度最高晶面。
在粉粒上其面积占总表面积的 50%

图 6 硅粉粒高原子态势构型图

上述各项检测从多方面演示和综合了硅粉的活性内容，便于比较定级。同时，提交了相应的数值，供设计、研究、改进生产参考，增产增收，争取更新的成就。

4. 生产应用的实效

对撞冲旋制粉机 2015 年开始研制，在某公司的硅粉生产线上试用，并很快转入生产性试验，分别用于生产有机硅粉和多晶硅粉。2016 年又制造了一台对撞冲旋制粉机专用于多晶硅粉生产，效果不错。某硅业公司，2017 年新建一条、2018 年扩建两条对撞式硅制粉生产线，用于有机硅粉实际生产，取得了很好的效果。

对该技术的述评，不妨先从产品的质见量着眼。对接制粉技术提供的对撞粉，用于有机硅单体合成，其生产指标为：选择性、硅单耗、产量和渣中硅含量。此四项各有指向，各生产单位也不一样，只能将原先应用立磨粉或冲旋粉与应用对撞粉后的情况做相应比较，概括评述于下。

（1）冲旋粉的合成指标好，并在不断改进。

（2）原用立磨粉，后用冲旋粉，合成指标有改进，但不明显。某些指标略有优化，如硅单耗下降 $1 \sim 2kg/t$。

（3）原用冲旋粉，又增加对撞粉，分别合成单体，指标大有改进，尤其是硅单耗下降 > 3kg/t（原用冲旋粉单耗下降 1kg/t），利润加大了。当然，对照硅单耗的理论值，还有较大的努力空间。

（4）如果原用立磨粉，后用对撞粉，那么，硅单耗将会下降 5kg/t 左右，利润增加更多。至于多晶硅用粉，合成成品率能增加 2% ～ 3%，也不错。

硅单耗指标的改进，原因是多方面的。每个硅业公司情况也是不同的。但是，硅粉品质改善是主要原因的。当生产条件改变得有限时，硅粉因素自然突出。

此外，关于制粉生产，总的情况为：工艺畅通，设备运行可靠，调控灵活、准确，操作维修方便，安全、环保，产量较高，达到 5t/h 以上，能耗也较低，刀具寿命也延长了，筛分更高效，其他性能指标均有提高。从原料类生产范畴来讲，已进入现代机械化水平。

5. 技术经济效益的初步估算

由于各种主、客观原因，当前未能就将对撞制粉技术应用于有机合成生产做出较确切的技术经济评估。只能从与硅粉生产有直接关系的硅单耗下降来为有机硅单体生产取得的效益做粗略计算。

以年产 20 万 t 有机硅单体生产规模，硅单耗下降 1kg/t 产生增加的利润为例。如果硅单耗减少 1kg/t，一年可节约 200t 硅粉，可以多生产有机硅单体 400t，价值 800 万元，减去合成加工费 280 万元，获利 520 万元。因为只加大了一部分因增产而超额的开支，成本增加的数值不大。如果按照第 4 条（3）、（4）中情况，则每年增加的利润分别达到 1560 万元和 2600 万元。这个数值不算大，意义很大：开拓出一条有机硅单体增产的路子。

6. 结束语

有机硅合成行业中盛传一种观点：硅粉重要的性能是成分，其他性能对有机硅单体合成作用甚小。小到什么程度呢？有人认为至多影响 1%。很明显，想要为有机硅出力，改善硅粉性能，如活性等，没有效用，还不如把制粉生产干好！的确，许多厂家的实况是如此，因而对有机硅原料——硅粉，一般不倾注精力，硅粉生产就比较保守。

笔者经多年制粉生产，发现硅这个元素很有特色，用途广阔，其结构具有很多特异点，拥有诸多开发利用价值。尤其是硅的晶体蕴藏着很多可开发的性能。但是，因硅粉生产和有机硅生产两个专业，制粉属机械加工，有机硅生产则属硅化工，彼此相通性小，制粉企业送出粉料，有机硅生产线收进符合要求的硅粉就行了。制粉企业不考虑怎样才能使硅粉发挥良好的化学性能，只要粒度好；合成企业只想着如何运用催化剂、炉参数。可以认为，此处存在技术空白。笔者基于机械专业，涉足化工，学习了有机硅单体／中间体合成工艺和反应机理。由于宏观的物质转化过程实质是物质微观结构成分间的分解、合成反应组合，所以，可从硅微观结构晶体着眼，寻觅参与合成反应的因素，即原子在晶体晶格里的布设和运行状态，以及同氯甲烷分子的动态反应过程。笔者从微观上基本了解了合成机理，认为参与反应的硅原子数量，同氯甲烷分子结合的快慢、完善程度，对合成有一定的影响。如能改善，哪怕是 1%，经合成优化，效果能放大，于是提出硅粉高品质活性构型原理，并运用对撞粉碎技术在生产实践中实施该原理，获规模生产的实效。

在研究过程中，笔者应用晶体结构、性能、分形理论和量子理论，从宏观和微观两方面研究，从理论上论证、探究，运用冲旋制粉生产线的工艺设备，如自动控制、过程检测、产品检测等现有条件，并用 X 射线衍射仪、电子背散射衍射仪、扫描电镜和常规检测仪（如金相显微镜、激光粒度仪、表面积测定仪）等对硅粉产品进行阶段性检测和对比。同时，经浙江省矿产地质研究所、浙江省冶金研究院、浙江工业大学等帮助检测，许多硅业公司和设备制造厂鼎力相助，打开了规模生产的高质效局面，取得可喜成果。在此，谨向各界表示深深的谢意！

评述至此，对撞技术用于硅粉高效率生产，获得高品质产品，已基本成为定局；尤其在有机硅单体合成上，表现为指标的改进，值得给予相应评价：很成功！

最后需说明：笔者的初衷为硅制粉技术的高质效（如品质活性、粒度组成、产量、能耗等）值得制粉和合成化工行家们的共同关注。硅粉是原料、是基数，产生的效益需按乘幂法计算。笔者欲向诸位推荐这么一条经理论和生产双重验证有实效的增产之道。

参考文献

[1] 常森，余敏．硅粉品质优化技术．有机硅材料，2019（3）：199–201.

[2] 常森，周功均，余敏．硅粉反应活性与对撞粉碎效用．有机硅材料，2017（1）：43–47.

[3] 常森．冲旋对撞粉碎技术的微观理论基础．有机硅材料，2020（2）：68–74.

[4] 陈剑虹，曹睿．金属解理断裂微观机理．北京：科学出版社，2014.

[5] 常森．冲旋制粉技术的理念实践．杭州：浙江大学出版社，2021.

附 录

附录1

硅粉活性的检测通报

历经多年的粉体化学反应活性表征和检测，我所已建立相应的活性评价标准。其中用于有机硅、多晶硅等原料硅粉的录于下表：

测定晶粒平均粒径评价硅粉活性等级表

活性等级		晶粒平均粒径（Å）	活性参数 a
1	优良	≤3500	a≤3500
2	良好	3500～4000	3500＜a≤400
3	一般	4000～4500	4000＜a≤4500
4	较差	4500～5000	4500＜a≤5000
5	很差	＞5000	a＞5000

该评价方法已经浙江省科技厅委托专家组评议通过，验收意见中第二项载于下：

该项目采用 X 射线衍射 Rietveld 全谱拟合结构分析法对不同破碎工艺制备的硅粉的晶粒度进行系统表征，同时用金相显微镜法和电子背散射衍射法（EBSD）进行辅助表征，并将微结构表征结果与硅粉活性进行关联，得到硅粉的晶粒度大小与硅粉活性之间的规律，建立了快速微结构表征硅粉活性的方法。

按照相应表征规定，对当前常用的硅粉进行活性测定，结果列于下：

不同粉碎方式所得样品晶粒粒径及对比表

序号	制粒类型	晶粒粒径Å	晶粒平均粒径Å	样品批次	比值（以立磨为基准）	活性增效（%）	备注
1	立磨	4963	4988	16-014-05	1	100	有机硅
2	立磨	5012		15-199-01			多晶硅
3	冲旋	4159	4179	15-132A-01	0.84	119	有机硅
4	冲旋	4350		16-014-04			多晶硅
5	冲旋	4027.7		16-014-04B			多晶硅
6	对撞	3823	3835	15-111-01	0.77	130	多晶硅
7	对撞	3978		16-014-03			多晶硅
8	对撞	3705		16-014-03B			多晶硅

结 论

按活性强弱顺序为：

对撞——冲旋——立磨

浙江省地质矿产研究所
2019.10.1

附录2

检 验 报 告
TEST REPORT

报告编号：ZYW201910500
Report No.

委 托 单 位： 诸暨市博雅机械设备厂
Name of Client

样 品 名 称： 硅粉
Name of Sample

检 验 类 别： 委托检验
Test Category

浙江省冶金产品质量检验站有限公司
Zhejiang Province Metallurgic Products Quality Test Station Co.,Ltd

二〇一九年十一月十一日
November 11 , 2019

浙江省冶金产品质量检验站有限公司
Zhejiang Province Metallurgic Products Quality Test Station Co.,Ltd

检 验 报 告
TEST REPORT

报告编号（Report No.）：ZYW201910500

浙江省冶金产品质量检验站有限公司
Zhejiang Province Metallurgic Products Quality Test Station Co.,Ltd

检 验 报 告
TEST REPORT

报告编号（Report No.）：ZYW201910500 共 3 页 第 2 页(page)

检验结果

1#.冲浆粉颗粒外表面典型照片见图片1，其外表面可见流状花样，属解理断裂特征形貌，解理面占其颗粒外表面的面积约为30%。

2#.立磨粉颗粒外表面典型照片见图片2，其外表面可见流状花样，属解理断裂特征形貌，解理面占其颗粒外表面的面积约为20%。

3#.对撞磨颗粒外表面典型照片见图片3，其外表面可见流状花样，属解理断裂特征形貌，解理面占其颗粒外表面的面积约为50%。

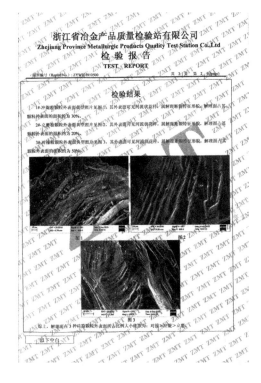

综上，解理面在3样品颗粒外表面所占比例大小依次为：对撞>冲浆>立磨。

以下空白

新型硅粉有机合成效益的述评

摘要： 援引实际生产数据，获取技术经济效益的对比结果，评述三种硅粉（立磨粉、冲旋粉、对撞粉）用于有机硅合成的功效，剖析三种制粉技术的功能和性能，分出三种技术水平的高低，明晰各自的适用范围，以及今后待改进的发展方向、举措。着重推荐冲旋对撞制硅粉技术在有机硅合成生产上的应用。同时，从结构、功能、性能和效益四方面描绘冲旋对撞技术的学术内涵。

新型硅粉是冲旋和对撞技术制成的硅粉总称。它赋有天然焕发的化学反应活性[1]。冲旋和对撞技术自 20 世纪 90 年代用于硅粉生产，前后经历 20 多年，在有机硅合成上已显露头角，为硅业发展做出一定的贡献。回顾整个历程，坚持当初的发展方向完全正确，根据有机硅合成对硅粉的要求，不断完善硅粉技术的指导方略，取得了超乎预想的成就。指导方略是：在现实条件下，令硅粉充分焕发化学反应活性。所谓现实条件，是指硅原料块的化学成分和有机合成生产的条件。该方略的精确说法即是实现高活性。我们拟定的品质活性的内涵包括组成（结构）、指标（性能）和功效（效益），并在发展过程中不断充实其内涵，改进制粉技术，将组成（结构）、指标（性能）的具体内容详述于文献 [1] 中。按本技术建成的近百条生产线为我国硅业提供新型高质效硅粉，是对本技术的考验与验证。但是，本技术的功效（效益）究竟如何，之前没有定量的核验，所以，本着原定的指导方略，有必要完成这一重要方面的核验。为进一步阐明硅粉用于有机硅合成取得的优良效益。这里分两方面进行分析：技术效益和经济效益。

我们采用对比（比较）的方法，原因是效益需要数据来表征，而原始数据只有动态的相对值。生产数据来自企业，记录的数据（绝对值）属保密范围；实验室检测值受仪器、测试水平等的影响，绝对值的误差较大，相对值则较准确；所有数据均在变动中，动中取静很难。因此，取相对值较佳。

1. 硅粉用于有机硅合成的技术效益

有机硅合成中有 4 个生产技术指标：硅单耗、选择性、产量和渣中含硅量。新型硅粉的 4 个指标都有改进，特别是前 2 个技术指标改进明显，分述于下。

硅单耗和选择性的生产数据表明，新型硅粉的效果很好。

例如，硅单耗降低 5 ~ 10kg/t（对撞粉相比冲旋粉）及 3 ~ 5kg/t（冲旋粉相比立磨粉）；又如，选择性提高 1%（对撞粉相比冲旋粉，冲旋粉相比立磨粉）。将其汇总于表 1。

前述 2 个指标的期望值于实测前已确定，是由硅微观结构发挥的性能决定的。三种粉的化学反应活性比较详见《冲旋制粉技术的理念实践》[1] 中论文《调控晶体效能 焕发硅粉高活性》。指标比较值的计算过程如下。

1）硅单耗

以立磨粉硅单耗设定为 250kg/t（设为 a）为基础，比合成反应的理论值 220kg/t 多 30kg/t。冲旋粉活性相对立磨粉活性高 30%，故冲旋粉硅单耗只需比理论值多（30kg/t）/1.3=23kg/t，期望能降 7kg/t。同理，对撞粉硅单耗仅需比理论值多（30kg/t）/1.6=18kg/t，期望能降 12kg/t。

2）选择性

以立磨粉选择性设定为 85%（设为 b）为基础，比理论值 100% 差 15%。根据活性做相对计算，冲旋粉的选择性比理论值差 15%/1.3=12%，对撞粉的选择性比理论值差 15%/1.6=10%，即冲旋粉的选择性能达到 88%，对撞粉的选择性能达到 90%，选择性比理论值可分别提高 3% 和 5%。

从上述述评分析，新型硅粉尚有比较大的提高空间，需要我们继续努力。

表 1 有机硅合成指标比较表

指标	立磨粉	冲旋粉		对撞粉	
	基础值	实测值	期望值	实测值	期望值
硅单耗 /（kg/t）	a（250）	< a（比 a 小 3 ~ 5）	< a	< a（比 a 小 8 ~ 10）	< a（比 a 小 12）
选择性 /%	b（85）	b+1（86）	b+3（88）	b+2（87）	b+5（90）
活性比	1	1.3		1.6	

注：a 表示立磨粉硅单耗，b 表示立磨粉选择性。

2. 硅单耗降低对有机硅合成的经济效益的影响

生产实践表明，新型硅粉的硅单耗降低比较明显，幅度达到 5 ~ 10kg/t，期望达到 12kg/t。其经济效益的计算过程见下。

1）硅单耗下降 1kg/t。

设硅单体产量以 20 万 t/年规模计。硅单体价格为 1 万元/t，20 万 t 硅单体总值为 20 亿元。若硅单耗下降 1kg/t，全年节约硅粉为 $20 \times 10^4 t \times 1kg/t = 200t$（可不计入生产成本）。200t 硅粉可生产 800t 硅单体，硅单体的生产成本为 0.35 万元/t（不包括原料硅粉成本 0.3 万元），售价 1 万元/t，利润为 0.65 万元/t，800t 硅单体的利润为 $800t \times 0.65$ 万元/t=520 万元。20 万 t 硅单体年利润为年生产总值的 25%（目前国际公认的平均值），年利润为 5 亿元。生产 1t 成品，因硅单耗下降 1kg，可增加利润 520 万元，约占总利润的 1%。

2）生产 1t 成品，硅单耗下降 10kg，则利润增加 10%。

40 万 t/年规模的利润增加率是一样的。

结论：生产 1t 成品，硅单耗每下降 1kg，利润增加 1%；硅单耗每下降 10kg，利润增加 10%。

表 1 显示了当前生产实际中的硅单耗水平。结合上述分析可知，经济效益由高到低排序：对撞粉、冲旋粉、立磨粉。

3. 选择性提高对有机硅合成的经济效益的影响

生产实践表明，新型硅粉的选择性相应提高。硅粉的选择性提高，即二甲基氯硅烷（DMC，简称二甲）含量增大，价值增高。硅粉的选择性每提高 1%，即 DMC 含量增加 1%，1t DMC 增值 275 元（市场价）。按 20 万 t 硅粉原料规模计，10 万 t DMC 成品增值 $10 \times 10^4 t \times 275$ 元/t=2750 万元；20 万 t 硅粉原料总值 20 亿元，利润 25%（公认的毛利平均值）即 5 亿元，则增值利润约占总利润的 5%，规模增大，利润增值率不变。所以可得结论：硅粉的选择性每提高 1%，总利润增大 5%；硅粉的选择性每提高 2%，总利润增大 10%。

表 1 显示了当前生产实际中硅的选择性水平。结合上述分析可知，新型粉优于传统的立磨粉，新型粉中对撞粉优于冲旋粉。

4. 效益对比的结论

通过上述不同类型硅粉的效益对比，可以得出如下 4 条结论。

（1）对比的现实条件符合对比要求，结果可信。为考核不同类型硅粉，必须采用相同的合成装备、生产操作工艺和环境等。新型硅粉的试用都是用立磨粉的合成炉，没有使用专用炉型等，且使用同一套规定。每个数据来源于各自固有的生产和检测条件。比较结果显示，新型硅粉的效益超过原用硅粉。

（2）对比数据表明，新型硅粉的效益较好。原用硅粉粒度组成松散，用于合成时效果平平，给人的印象是硅粉品质的提高对合成效果的提高影响不大，因此，没有必要研究改善品质活性，还是改善制粉技术更有用。如今，新型硅粉注重品质活性，并有可信的效益数据。虽然硅单耗和选择性等指标还有很大的提升空间，但效益指标已值得重视。

（3）对比效益显示，冲旋对撞制硅粉技术拥有较强的市场生态活力。该新型技术是在市场竞争中发展起来的。许多使用单位用冲旋对撞制硅粉技术与雷蒙机（即悬辊磨机）、旋风磨机（德国技术）、链式机、对辊机、辊磨机、冲击磨机、立磨机（德国、美国技术）和鼠笼制粉机（日本技术）等生产同一种硅粉，结果表明，该技术效益更佳。如今，该技术已融入这些使用单位的合成工艺，有效地发挥功能，体现出良好的经济效益，主要为合成效益，其次是制粉效益。

（4）本技术中，对撞粉优于冲旋粉。对撞粉和冲旋粉都是新型硅粉。前者是在后者基础上形成的，技术指标比较好。

总之，效益对比显示：①冲旋对撞制硅粉技术拥有较强的市场生态活力，采用该技术制取的新型硅粉具有高品质活性，能为有机硅合成的发展提供有力的支持。②指导技术研发的理论分析和理念实践是正确、有效的。

5. 硅粉参与有机合成的使命

自从芯片和半导体问世以来，硅的重要性与日俱增，硅芯片更是当今关系到国计民生的重要技术产品。硅粉是硅芯片的原料，它的品质不容忽视。我们从事硅制粉行业，深感肩上的分量之重，将不断提高硅粉生产技术、为有机合成提供具有优良活性品质的硅粉视为自己的职业使命。

有机合成是一门富有艺术性的技术，属于物质转化范畴内很有价值的生产方式。它涉及物质转化、能量转化、价值转化多个方面，通过化学反应现象、产品、副产品、料渣等表现。转化、反应的结果体现在技术指标的经济效益和社会效益上，用数据说明转化和反应效果，从而判断该项技术和生产的价值和发展前景。硅粉参与转化也要进行相应的评价，判定发展前景和要改进之处。

本着如此目的，我们从哲理的物质转化、学理的化学反应、经济学的效益和社会学的社会效益四方面论证了硅粉参与有机硅合成的效益。结论是：新型硅粉及其制取技术具有坚实的理论、实践基础，拥有可靠的技术和经济效益，能为有机合成提供高质效的原料。方向正确，不忘初心，我们将继续为硅业发展而努力。

参考文献

[1]　常森.冲旋制粉技术的理念实践.杭州：浙江大学出版社，2021.

CXD880 型对撞冲旋制粉机制硅粉提高制粉产能的研究

——粗细粉顺碎制取法

摘要：制粉生产要求在产品质量合格的前提条件下，尽可能提高产量。粗细粉顺碎制取法确是可资利用的有效方法。它是建立在物质转化的现代混沌理论基础上的。可以掌握，但有难度。

CXD880 型对撞冲旋制粉机用于硅粉生产，效果很好，制取的细粉（$d50=50\mu m$）品质挺好。但美中不足的是，产能欠佳。应从查明产能低的原因入手，对症下药，采取有效措施逐步提升产能。

粉体粒度小到某一界限后，产能就开始下降，粒度愈小，产能愈低。实测数据显示，$d50=150$ 目（$100\mu m$）是一个界限。缘由何在？有必要做粗浅的探研。

1. 低产能的缘由探释

（1）粉碎比一定时，粉愈细，粉碎难度愈大，经常是一次粉碎达不到要求。粉愈细，愈难再细。

（2）粉碎腔空间能量分布的影响。粉碎刀具呈动态移动，再加上粒群密度的影响，能量粉碎难以发挥效能，粉体碎裂程度受限。打击刀具近旁的粉易碎成细粉，因为此处能量聚集；离刀具稍远，能量分散，粗粒就多。

（3）冲击粉碎程度因速度而异。物料颗粒处于运动状态时，互相碰撞，产生负效果，影响粉的粗细。粉愈细，负效果则愈大。

（4）粉粒度愈小，拥有的动能愈小，粉碎能力愈小，而其中的小颗粒强度愈大，碎化程度愈小，产粉能力愈低。

上述探释可以概括为一条总见解：粉粒细，动能小，本身硬化抗碎能力大。若要制取微细粉，常用的粉碎工艺并不适用，必须采用急速超常规粉碎法，其中有一种为顺碎制粉法 [1]。

2. 顺碎制粉法原理

根据文献 [1] 中的专论《冲旋对撞粉碎动力学研究》，在硅压碎过程中，应力 – 应变曲线（图 1）显示了硅在压碎过程中碎裂在外力作用下的变化。外力引起的应力增大，硅应变碎裂加剧。当到达 σ_c 临界应力时，硅开始碎裂，此为临界碎裂点，随后达到 σ_f 峰值应力时的峰值碎裂点。该过程经历了微裂纹融合点—微破裂变形区—峰值强度点。最后，应力稍增，立即酿成大应变，硅彻底碎塌。究其缘由，正在于硅的脆性本质：硅是晶体结构，在外力作用下都有一个塑性变形区，小应力引发大应变；从物质转化的观点看，就是产生混沌效应，小变化能放大成大变动。所以，从原理上看，顺碎制粉是建立在混沌理论基础上的。结合硅制粉实际，任何刀具组合制粉，其生产过程中都有一个顺碎（混沌）阶段，此后产量有较大幅度的增长。但是，此阶段很窄，受各方条件影响，很难掌握，稍纵即逝。实际生产中，用 CXL1200 型冲旋制粉机生产 45 ~ 325 目有机硅用粉，当粉碎速度达到 75m/s 时，产量急增，此过程即顺碎（混沌）增产。

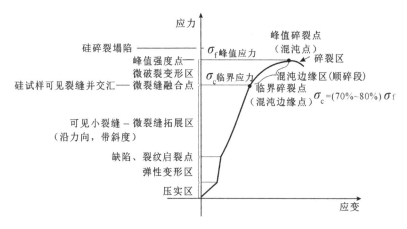

图 1 脆性物料（工业硅）压碎过程示意图（仿抗压测试）

3. 微细粉产量提高的方法推导

制取微细粉时，采用传统方法难以提高产量，因此对冲制粉法值得进一步研究。可参考顺碎（混沌）原理，提高粉碎速度，精细调控，抓住混沌边缘区（顺碎段），达到目的，随后，通过各种刀具组合，取得稳产结果。若应用 CXL1300 型冲旋制粉机相关技术，则需实施一系列改进措施。对撞制粉技术的措施类似。

4. 各类粉体的高质效生产方法

根据混沌理论（原理），每种刀具组合都存在顺碎段，皆有增产可能，关键在于实践落实，变理想为现实。最难生产的是微细粉，所以，要先下点工夫解决好其生产问题。

参考文献

[1] 常森.冲旋制粉技术的理论实践.杭州：浙江大学出版社，2021.

CXD880 型对撞冲旋制粉机制硅粉粒度调控技术

——粒度对冲调控法

摘要：粒度组成是硅粉质量的重要指标。它的调控一直是从业者追求的技术。对撞冲旋制粉机发挥赋予的特性，运用双转子运动参数调节理论，形成对冲调控法，予以解决，初步揭开了"粒度之谜"的谜底。

硅粉的粒度是重要的质量指标。粉的粗细受下游产品，如有机硅、多晶硅等限制，必须符合相应的粒度组成要求。于是，硅粒度调控技术就成为制粉机性能的一个重要影响因素。制粉设备必须满足相应的粒度调控要求。很粗或很细粉的生产往往会发生困难，所以要在设备上打好基础，使其有能力生产处于极限状态的粗细度的粉。例如，生产 $d50 \leqslant 50\mu m$ 的有机硅粉、粒径 –120 目（120μm）粉占比 < 5% 的多晶硅粉等，都急需对撞制粉技术。鉴于此，我们以粉粗细的极端状态为例，阐述调控程式。有关理论已在文献 [1] 中详述，此处则稍做概括和举例予以解说。

在对撞粉碎基础上，可采用对冲技术调控粒度组成。以下先就对冲方法的原理做解释，借机将文献 [1] 中对冲法的相关内容做些更切合实际的说明。

1. 对冲调控法原理

对撞冲旋制粉机有 2 个转子，可以相向和异速旋转。对冲法就利用此特性达到粒度调控的目的。文献 [1] 中已有阐述，本文再做具体解释。

（1）合理确定 2 个转子转速，为一高一低。

（2）进料后，2 个转子小刀盘将块料打碎，高速转子打出较细粉，低速转子打出较粗粒，即高速转子打出的粉较细，细粒多；而低速转子打出的粉较粗，粗粒多。

（3）大刀盘继续"强化"粒度的差异。2 个转子大刀盘将各自的粉互相撞击。其中最明显的互击粉碎体现在高速的细粒冲击低速的粗粒，提高粗粒的碎裂程度，增加合格粉量。

（4）最终粗细粉混合，粒度达到要求，成品率和产能均受控。

高、低速转子打出的粉料有合格粉（细粉）和不合格粉（粗粒）两部分。合格粉有利于粒度达标，不合格粉则是不利者，而对撞技术是将粗细粉互击，使不利变成有利。

这类似金融中的对冲投资，故我们将此技术取名为对冲调控法。基于此原理，展开对冲调控法的具体分析。

2. 对冲调控技术

对撞冲旋制粉机有 2 个转子，相向异速旋转；可通过速度配置，调控粒度。相应数学模型说明于下。

设定：①物料粉碎后得粉料，称统料（包括粗粒回料和有效粉），其中符合成品粒度要求的部分称准成品粉。统料和准成品粉的中径分别用 $D50$ 和 $d50$ 表示。②转子转速采用电动机变频调节，而粉碎速度取决于转子转速。将左、右 2 个转子的粉碎速度及转速分别以 2 个转子的电动机频率 γ 和 γ' 表示（注：为方便表述，沿用生产中的习惯，下文以频率代替转速）。

建立数学模型：

左转子　$D50 \propto 1/\gamma^2$，$(D50)_1/(D50)_2 = \gamma_2^2/\gamma_1^2$

右转子　$d50 \propto 1/\gamma'^2$，$(d50)_1/(d50)_2 = \gamma_2'^2/\gamma_1'^2$

式中：分别以 $(D50)_1$、$(D50)_2$ 和 $(d50)_1$、$(d50)_2$ 表示每次粉碎前后物料的统料和有效粉（包括准成品粉和细粉）的中径，而对应的转子转速则分别为 γ_1、γ_2 和 γ_1'、γ_2'。基于上述数学模型，为获取相应粒度，可运用双转子异向调速控制。具体实施如下：

1）凭经验，选定左转子速度 $(\gamma_1)_1$，相向运转右转子的转速 $(\gamma_1')_1$，获得第一次粉碎物料，筛分前统料粒度组成的中径 $(D50)_1$ 和有效粉中径 $(d50)_1$。

2）对照产品要求粒度，设定第二次粉碎获得粒度组成，包括统料和有效粉，选定 $(D50)_2$ 和 $(d50)_2$，务必使其更符合要求。

3）按粒度与转速平方的反比关系，计算得 $(\gamma_1)_2$、$(\gamma_1')_2$。

4）调定两转子转速，制粉得第二次统料，截取成品粉，检测其粒度。

5）若尚未达标，则再重复一次，直至成功。

3. 应用实例

基于上述原理，在生产实际中获得良好结果。下面将援引相关实例，阐明对冲调控法。有机硅和多晶硅用粉对粒度要求不同，前者要细，后者要粗，故分别举例。

[例1] CXD880 型对撞冲旋制粉机生产细粉（有机硅用粉）

原料：硅块块径 < 120mm，$\sigma_b \leqslant 40$MPa

产品要求：粒径 > 150μm（+100 目）的粉的质量占比 $\leqslant 10\%$

$d50 \le 50\mu m$（-300目）

采用对冲调控法，演绎如下。

用CXD880型对撞冲旋制粉机于2019年2月生产有机硅用粉，采用试碎方式，分次实施粉碎，相关数据记录见图1。

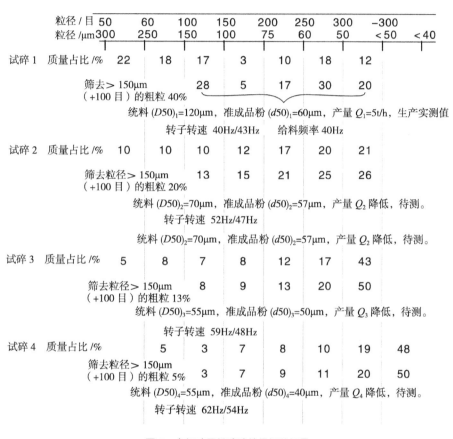

图1　有机硅用粉试碎结果汇总记录

试碎1：左转子转速$(\gamma_1)_1$=40Hz，右转子转速$(\gamma_1')_1$=43Hz，给料频率40Hz，试粉碎得到的统料粒度组成如图1所列。产品未达标。其中，$(D50)_1$=120μm，$(d50)_1$=60μm，需改变参数，拟定第2个试碎方案。

试碎2：在试碎1的基础上，凭经验和理论分析，选定要达到的粒度组成（图1）。

为获得上述统料，经计算，其统料$(D50)_2$=70μm，准成品粉$(d50)_2$=57μm，产能Q_2下降。调控制粉机，两转子转速为$(\gamma_1)_2=\sqrt{\dfrac{120\mu m}{70\mu m}}\times 40Hz=52Hz$、$(\gamma_1')_2=\sqrt{\dfrac{60\mu m}{57\mu m}}\times 43Hz=47Hz$，进入第2次试碎。由上获得的统料，筛去粒径>150μm（+100目）的粗粒，得准成品粉，粒度组成列于图1中。

采用 $(\gamma_1)_2$=52Hz、$(\gamma_1')_2$=47Hz，获得的粉体仍未达标。要再试碎。

试碎 3：按上述程序再试。

选用 $(\gamma_1)_3$ 和 $(\gamma_1')_3$，再生产。在前述基础上，借经验选定要达到的粒度组成（图 1）。

$$(\gamma_1)_3=\sqrt{\frac{77\mu m}{55\mu m}}\times 52Hz=59Hz \qquad (\gamma_1')_3=\sqrt{\frac{50\mu m}{57\mu m}}\times 47Hz=48Hz$$

为获得粒度达标的细粉，两转子转速分别为 59Hz 和 48Hz。设制粉机用电动机，选用传动比 1.0：1.2，则其频率分别为 50Hz 和 40Hz，保证转子转速相当于 59Hz 和 48Hz。按演绎结果，粒度已达标。

试碎 4：再试一次，要求细粉 $(d50)$=40μm。

$$(\gamma_1)_4=\sqrt{\frac{50\mu m}{55\mu m}}\times (\gamma_1)_3=62Hz \qquad (\gamma_1')_4=\sqrt{\frac{50\mu m}{40\mu m}}\times (\gamma_1')_3=54Hz$$

鉴于以上过程的粉碎转子转速超过 50Hz，在实际应用中，多通过增大电动机转速与转子转速的传动比，以电动机频率≤50Hz 获得转子高速，使电动机载荷仍在允许范围。宜选用电动机转速与转子转速的传动比 1.00：1.25。制粉机轴承选用 SKF 牌调心球轴承 22226CA/W33、22320CA/W33，极限转速分别为 2300r/min 和 2600r/min 能满足要求，主要是粉碎转子的动平衡质量要达标。以往实际使用，转子速度达到 50Hz 是平衡的，如今要增高 20%～25%，则不平衡力增大 44%～50%。

为此，先使 $d50$=50μm，获得成果和经验后再进一步研究解决 $d50$=40μm 的困难。

调控有机硅用粉粒度对制粉生产的影响时，不涉及成品率，因为追求生产细粉，不存在不可用废料，只是产量会降低，粉愈细，产量愈低。这受工艺设备能力影响，难以改变。

上述分析中，除试碎 1 的数据是实际生产结果外，随后 3 次试碎的数据均为理论计算值。实际生产中，可通过调整转子转速及时试碎，以其实际获得的筛析粒度矫正原拟定粒度，再调整转子转速，进行试碎，直至达标。随后，通过试生产核实结果，为正式制粉生产做好准备。实际上，试碎次数取决于操作水平，理想情况下一两次即成，但产能是下降的（其缘由另述），当前估计＞1t/h。

[例2] CXD880 型对撞冲旋制粉机生产粗粒

以多晶硅用粉生产为例，要求粒度较粗，细粉较少，成品率高。当前，比较先进的技术要求：粒径 +25 目（＞850μm）粉的质量占比＜5%；无 –120 目（＜125μm）粉；成品率≥90%；产量力争最佳值。原料：块径≤120mm，σ_b＜40MPa。

2014 年 8 月 29 日，用 CXD880 型对撞冲旋制粉机生产硅粉，相关数据记录见图 2。

试碎 1：左、右转子转速 $(\gamma_1)_1$、$(\gamma_1')_1$ 均为 35Hz，给料频率 40Hz。试粉碎得到的统

料的粒度组成见图2。成品率未达标。其中，$(D50)_1=800\mu m$，$(d50)_1=280\mu m$，需改变参数，拟定试碎2，使成品率向上提升。

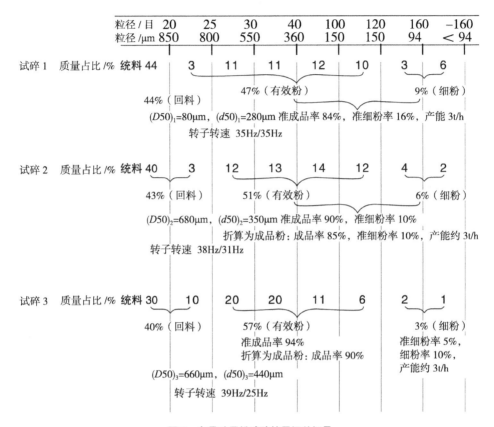

图2　多晶硅用粉试碎结果汇总记录

试碎2：为提高成品率，需减少粗粒量，缩小统料中径和增大有效粉中径，即$(D50)_2=680\mu m$，$(d50)_2=350\mu m$，并无粒径 > $850\mu m$（+25目）粉，以防止筛分效率下降，留下粗粒，作后备用。设定中径后，计算转子转速：

$$(\gamma_1)_2=\sqrt{\frac{800\mu m}{600\mu m}}\times 35Hz=1.08\times 35Hz=38Hz \qquad (\gamma_1{}')_2=\sqrt{\frac{280\mu m}{350\mu m}}\times 35Hz=35Hz$$

成品率85%，未达标。有必要采用反演绎法，详述于试碎3。

试碎3：为使成品率达到90%，选用$(d50)_3$。按照粒径与成品率的4次方成正比的规则确定公式：T_3和T_2分别表示试碎2和试碎3能获得的成品率。

$$\frac{(d50)_3}{(d50)_2}=\left(\frac{T_3}{T_2}\right)^4$$

$$则\ (d50)_3=\left(\frac{T_3}{T_2}\right)^4\times (d50)_2=\left(\frac{90\%}{85\%}\right)^4\times 350\mu m=1.26\times 350\mu m=440\mu m$$

$$(\gamma_1)_3 = \sqrt{\dfrac{680\mu m}{660\mu m}} \times 38Hz = 39Hz \qquad (\gamma_1')_3 = \sqrt{\dfrac{350\mu m}{440\mu m}} \times 31Hz = 25Hz$$

选用相应的转子转速分别为 39Hz、25Hz，给料频率 40Hz。

将数据列入图 2，成品率 90%，选用粉碎参数为：转子转速分别为 39Hz、25Hz，给料频率 40Hz。成品粉组成见图 3。

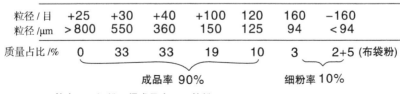

粒径 /目	+25	+30	+40	+100	120	160	−160
粒径 /μm	>800	550	360	150	125	94	<94
质量占比 /%	0	33	33	19	10	3	2+5 (布袋粉)

成品率 90%　　　　细粉率 10%

筛去10%细粉，得成品率90%的粉

图 3　成品粉组成

实际上，每次试碎后的粒径与拟定的不一样，要以实际为准，逐次实施试碎。

4. 待续

此对冲调控法供大家参考。望大家提出改进意见，使之完美、实用，共同使硅制粉技术水平再提高，最终可以根据统料粒度的组成直观地确定转子转速，适当配置加料量、筛网孔径等，获取最佳粒度、成品率和产能。我敬候佳音！

参考文献

[1]　常森. 冲旋制粉技术的理念实践. 杭州：浙江大学出版社，2021.

附注：本文是常森著《冲旋制粉技术理念实践》中有关粒度调控与对冲技术内容（第 179、230、264、273 页）的进一步阐述和应用；顺便将书中排版不妥处予以校正。

探究有机合成用硅粉"粗细"融合之道的论述

摘要

1）探究硅粉的粒度对有机硅单体合成的原材料品质的影响。

2）探索的硅粉为冲旋对撞粉（$d50=70 \sim 80\mu m$）和球磨粉（$d50=20 \sim 30\mu m$）。前者粗，后者细，两者间粒径比为 4∶1。

3）运用冲旋粉碎理论[1]，研究两种粉的品质和合成反应机制，获取结论。

4）硅粉品质主要体现在两方面：①粉体粒度组成。粒度－频率分布呈钟形正态曲线，$d50$ 前后约 30% 区域内粉的质量占总质量的 60% ~ 80%。②粉粒表面暴露的原子高密度分布。

按上述两项，冲旋对撞粉胜过球磨粉，条件是粒度相近。

5）硅粉参与有机合成的效果取决于其品质，即粉粒表面的原子个数和分布密度，分别体现为合成的转化率和选择性。所以，原子个数和分布密度实际是判定硅粉品质的两项重要指标。不过，目前只能采用相对比较的方法。

6）球磨微细粉（$d50=20\mu m$）目前能在有机硅单体合成中取得最佳指标，值得冲旋对撞粉借鉴。

7）冲旋对撞粉拟以 $d50=80\mu m$ 赶超球磨粉（$d50=20\mu m$）。经对比获得结果：①冲旋对撞粉的比表面积只有球磨粉的 50%；②表面的原子个数相等；③表面的原子密度大 1 倍。预期效果：转化率相同，选择性较高。因此，可以认为，冲旋对撞粉细化后，品质能优于球磨粉。

8）以上所述有实践和理论基础，并应用数字技术探究融合"粗细"之道。不过，以上理论尚须经生产实际考核。$d50=80\mu m$ 是初选值，波动范围肯定存在，需做最后核验。笔者相信，有机合成的"艺术"会在"粗细"融合中大放异彩。

1. 当前实况

有机硅合成用硅粉有粗细之别。自 20 世纪 90 年代我国开始生产有机硅起，从地域上看，北方和南方分别偏重于使用细粉和粗粒，且如今都取得了较好的成绩。笔者认为，"粗细"融合是最佳门道。取长补短，发挥各自优势，能获得最佳技术经济效益。

将粗细粉用于有机硅合成的指标（源于报刊）列于表1，以资比较。

由表1可知，从粉体粒度数据看，球磨粉不断细化，增大比表面积，对合成选择性、转化率无显著效果，但增产明显。这表明比表面积作为评价硅粉品质的宏观相，能对合成生成物的量（即产量）有明显、独特的促进能力。外资企业主要使用球磨硅粉。

内资企业多用立磨粉和冲旋粉。20世纪末，硅业在我国初兴，没有专用的硅制粉设备，于是选用水泥行业常用的雷蒙机生产立磨粉。如今，它已逐渐被冲旋粉替代。冲旋粉较球磨粉粗，应用于有机硅生产时指标提升效果明显（如表1所示），但仍不及球磨粉，应该汲取其优点。本文就依此目的开展论述。

表1 硅粉品质对合成指标的影响

企业		某外资企业			某内资企业	
制粉方式		球磨			立磨	冲旋
年份		2007	2010	2020	2015	2020
合成指标	粉体粒径 /μm	80～120	60～80	10～40	80～120	100～130
	粉体中径 /μm	100	70	20	110	120
	选择性 /%	90～94 90～94 90～92 基本稳定			83～85 逐步提高	87～90
	转化率 /%	60～70 60～70 62～70 基本稳定			42～46 逐步提高	48～50
	产能	明显增产			逐步增产	
粉体品质	比表面积	快速增大			明显增大	
	原子密度	基本稳定			明显增大	

注：外资企业栏的选择性和转化率数值似有错误，有关文献援引数据欠依据。笔者在图1中予以少许修正，加了虚线，方符合常规。

2. 有机硅合成中物质转化的奥妙

为学习球磨粉的优点，首先要了解硅粉在合成中的转化机制，文献 [1] 第128、309页中有详细阐述，应从硅晶体结构和性能基础出发，于微观的原子和分子层面上，理解宏观的物质转化。从宏观到微观的过程还需通过数据和现象演化的手段予以表达。为此，从有关资料中选择数据和现象，汇总于表1。笔者列出合成转化反应方程式，循常规的化学思路，探讨其微观内涵，阐明转化的奥妙，让它的"艺术性"显露容光。

有机硅的合成原理是，无机物硅和简单的有机物氯甲烷经化学反应转化成复杂的有机物二甲基氯硅烷。其主要化学反应方程为：

$$Si + 2CH_3Cl \rightarrow (CH_3)_2SiCl_2$$

硅　　氯甲烷　　二甲基氯硅烷

1mol + 2mol →　　　　1mol

即 $1 \times 6.02 \times 10^{23}$ 个硅原子 $+2 \times 6.02 \times 10^{23}$ 个氯甲烷分子 $\rightarrow 1 \times 6.02 \times 10^{23}$ 个二甲基氯硅烷分子

即 1 个硅原子 + 2 个氯甲烷分子 → 1 个二甲基氯硅烷分子

此反应顺便提示：1g 硅含 4.6×10^{46} 个硅原子。生产中参与反应的原子数量极其庞大。将其摆布合理，正是关键所在。

上述反应方程演示出气 – 固两相在催化剂的辅助下通过原子和分子层面的表面物理化学机理和构效 [2]。所以，硅粒外露面上的原子数和密度很重要，直接关系到合成反应效能，是转化之奥妙所在，是决定成效的因素之一。20 世纪，人们的研究只触及硅粉的宏观结构，即粉体的粒度组成，认为硅粉品质对有机合成的影响因素只有粒度而已，所以，只求粉愈细，比表面积愈大。再者，国外认为细粉生产只有用碾磨方式才行。于是，球磨、雷蒙磨蓬勃发展。进入 21 世纪后，对硅微观结构的研究逐步深入，如 X 射线衍射、扫描电镜（STM）、原子力显微镜（AFM）等检测手段与仪器的理论和实践日益丰富。笔者用现代仪器模拟硅粒表面合成反应区在微观状态下的演化，再经分析，获得合成转化的动态形象，如在文献 [1] 的第 308 ～ 335 页做了初步对比分析，提出硅粉品质的 "高品质构型" 既涉及宏观外形，又涉及微观内涵。所以，在讲究粒度组成时，必须拥有高原子密度，比表面积也同样重要。此两者的根源实质上是一样的，均来自硅晶体的选择性粉碎，根本在于粉碎方式的有效合理应用和粉碎技术（工艺与设备）。

笔者基于已往研究和实践的成果，在硅粉活性研究方面获得初步结果，参见文献 [1] 第 332 页表 2。在相同粒度下，冲旋对撞粉的每克硅外露表面原子数（即面克原子数）是球磨粉的每克硅外露表面原子数的 2 倍（同样的粒度），可认为两种粉的活性比为 2 ∶ 1。因此，为取得相近的有机硅合成效果，粉的粗细可以有差别，即冲旋对撞粉可粗些，没必要非达到中径 20μm。据初步推断，冲旋对撞粉中径 80μm 即可。其根据申述于后。

3. 冲旋（对撞）赶超球磨的探索

文献 [1] 第 332 页表 2 中的三种粉，原料相同，粒度范围相近，粗细相似，品质不同，粉粒表面显露晶面不同，（111）、（110）、（100）三种主要晶面族数量不同，原子数量和密度相异，晶粒粗细不同，如表中所列。总之，品质优劣顺序和原子数量大小顺序都是：对撞＞冲旋＞立磨。

三种粉有机硅合成指标：按产量、选择性，硅耗优劣顺序为：对撞＞冲旋＞立磨。这是在流化床、操作制度等完全相同的条件下实际生产得到的结果。关键可以归结到硅粉身上，优化的根据在硅粉的质量：表面的原子数量和分布的密度。

从合成反应方程一般原理分析，反应物的量是生成物的量的直接决定因素。硅原子数量首先影响合成单体的量，即产量。而生成物的种类体现出反应物的亲和性能。单个原子的亲和力都是同样的，唯有多个原子聚集，亲和力就不一样。因此，原子分布密度显示能量集质功效，密度不同，就能亲和不同量的氯甲烷分子个数。于是，随着硅原子分布密度的不同，依次得三甲基氯硅烷、二甲基氯硅烷、一甲基氯硅烷等，循此法推演，就得出文献[1]第332页表2所示的结果。由此得出结论：产量取决于参与反应的原子数量；选择性、硅耗等指标受制于参与反应的原子分布密度。因此，转化率可由克原子数表征；选择性可由面原子密度表征。这两个指标表明合成的效果。当它们变化不大时，说明硅粉品质已到一定的限度。

球磨粉自粒径100μm（中径）变小，比表面积增大，表面外露原子个数没大变化，即克原子数和面原子密度基本不变。所以，转化率和选择性只能保持缓升。如果再细化下去，这些参数有可能都要变小。其根本原因在于球磨制粉方式。

球磨粉碎硅料的方式主要是压和碾，属压缩应变，应力大，硅晶体偏重于碎裂晶面（100），即含原子数量少的晶面族。每轮细碎，晶面（100）增多，晶面（110）、（111）减少，原晶面（110）、（111）也被碾裂成晶面（100）。而晶面（110）、（111）上原子个数比晶面（100）多45%。因此，可以认为碎裂2个晶面（110）或晶面（111），等于碾出3个晶面（100），表面积增大了，原子个数没变。这就是细化不能使原子各指标改变的缘由。而面原子密度因晶面增多，位错增多，弥补晶面（110）、（111）减少的损失。面原子密度没变。基于此，转化率和选择性随着粉碎缓慢升高。球磨粉用于有机硅合成的指标（表1）显示，选择性和转化率随硅粉中径自120μm至20μm并未得到明显改善，球磨粉活性提高已趋近极限了。所以，合成时应尽力使粉细化，提高产能，靠的是流化床运行加速，但其使用寿命缩短。此功劳在于有机合成的高速操作艺术。事实说明，利用球磨技术生产有机硅用粉，将是一项值得借鉴的好技术。

4. 粉碎方式决定硅粉品质的机制

综上所述，合成指标受硅粉品质的影响，而硅粉品质（即克原子数和面原子密度）受制于硅晶体表面上不同晶面的组成，即三个主要晶面族数量配置。球磨能磨出微细粉。其比表面积大，虽然晶面（111）、（110）少，但是毕竟比粗的冲旋对撞粉外露的原子总个数多，即使面原子密度相近，单位产量和转化率也比后两者高。冲旋对撞粉受限于粉较粗，比表面积较小，面原子密度也略小，用于合成则各指标均不如球磨粉。冲旋和对撞应当向球磨学打细粉，设法突破界限，改进技术，使粉的中径从120μm缩小至80μm。推导可得，其指标将赶上或超过球磨粉。以下阐明推导的根据。

硅加工硬化过程如下所述。

粉碎方式不同，硅粉碎变形的效应不同，粉的粗细形貌、表面结构、力学性能相异很大。文献[1]的有关章节，尤其在硅加工硬化[1]133和粉碎技术的微观理论[1]133中已释明。碾压、劈切、拍打分别以不同形式的作用力将能量输入硅块，引起压缩、剪切、拉伸不同应变，产生不同裂纹，暴露晶面。碾压的晶面（100）最多，（110）次之，（111）最少；劈切则相反；拍打居中。所以，硅的硬化程度也是按这个顺序。碾压时硬化最快，随后愈碾压愈硬，难变形面（100）愈打愈多，较软的面（110）、（111）愈打愈少，于是，暴露的原子个数和密度增加速度变慢，随后不变，最后下降。冲旋对撞时硬化慢，随着粒的细化，硬面（100）增加缓慢，软面达到原子个数和密度较高。因此，冲旋对撞粉的品质指标能超过球磨粉。为演示明白，详见图1。需要补充：图中Σ-d曲线在粒径100μm前后区段，球磨粉的原子个数超过冲旋对撞粉，原因是硅有一小段时间处于屈服应变状态，晶面增多较快。所以，在表1可见到其转化率较高。不过，之后球磨粉的原子个数改变很小，基本不变。而冲旋对撞粉硬化慢，继续保持上升，硬化程度终将超过球磨粉。粒径80μm以后，冲旋对撞粉的转化率迎头赶上，达到球磨粉水平。至此，两种粉的两项指标从粒径80μm后趋于一致。中径80μm冲旋对撞粉与中径20μm球磨粉的合成指标等同。

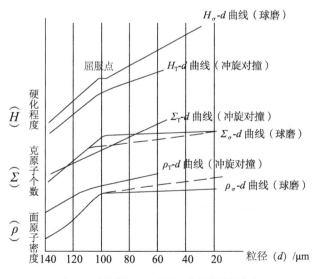

图1　硅晶体加工硬化表面参数与粉粒度关系

从文献[1]第312页表3和表4可知当硅粉较粗（粒径100μm前后区段）时三类粉具有的表面微观结构数据。通过比较，结合目前需要，可以得出下述几点认识：①中径80μm冲旋对撞粉与中径20μm球磨粉的比表面积比为1：2。就球磨粉而言，中径80μm和中径20μm颗粒的比表面积比与粒径比相反（近似），应为1：4。而中径80μm球磨粉与中径80μm冲旋对撞粉的比表面积比近似为1：2。②中径80μm冲旋对撞粉和中径20μm球磨粉的面克原子数比为2.5：1。综合结果列于表2。

表2 中径80μm冲旋对撞粉与中径20μm球磨粉活性比较

晶面		（100）	（110）	（111）	加和
中径20μm球磨粉	面积占比 /%	33	33	34	
	面积比	1	1	1	
	克原子数比	1	1.41	1.45	
	面克原子数比	1	1.41	1.45	约4（由1+1.41+1.45相加得）
中径80μm冲旋对撞粉	面积占比 /%	13	37	50	
	面积比	1	2.8	3.8	
	克原子数比	1	1.41	1.45	
	面克原子数比	1	3.9	5.5	约10（由1+3.9+5.5相加得）
比较	冲旋对撞粉面克原子数比（10）/ 球磨粉面克原子数比（4）=2.5				

可导出小结论：中径80μm冲旋对撞粉同中径20μm球磨粉相比，比表面积比为1：2，而面克原子数比为2.5：1。两项均是硅粉活性的重要指标，两者极相近，可以认为两种粉活性很接近。球磨粉细，表露面积大，上面分布的原子个数稀散。而冲旋对撞粉粗，表露面积小，上面分布的原子个数密集些。所以，两种粉参与有机合成的活性是相近的。当然，后者的选择性要高一筹，但转化率则是一致的。这与表1所示的生产实际数据一致。

5. 期待的结论

有机硅单体合成的工艺很明确显示了硅粉作为原料的重要性。制粉者要下功夫保证硅粉的粒度和反应活性。笔者从事硅制粉研究多年，坚持研发高质效硅粉[1]316-341，虽然取得良好的结果，可是冲旋对撞硅粉同球磨粉在细度上的差异充分表明，在有机硅单体生产指标上，冲旋对撞粉转化率和选择性较低（表1）。究其根源，正是因为冲旋对撞粉原子个数尚少，原子密度稍低，亟待细化粒度，增大比表面积和原子密度。据硅晶体微观结构推导：中径80μm冲旋对撞粉的活性品质相当于中径20μm球磨粉。笔者期待着这能被证实！笔者为赋予硅粉品质应有价值而努力。

参考文献

[1]　常森 . 冲旋制粉技术的理论实践 . 杭州：浙江大学出版社，2021.

[2]　吴凯 . 表面物理化学 . 物理化学学报，2018，34（12）：1299–1301.

制粉机转子失衡的动力学研究和应用

制粉机转子是实施制粉的关键部件。失衡是故障，必须预防和及时处理。为此，展开对转子运转状态的动力学研究，分述如下。

1. 失衡的现象和原因

失衡现象表现在机体振动加大。高速旋转设备的振动若超过允许值，就是失衡。造成机器损伤的原因有支撑轴承磨损、刀具与刀盘等运转件不正常磨损、转子事故损伤、加料不均等。前两种容易处理；后两种需专门研究，采取相应的措施。可采用动平衡技术排除故障，其中包括人工和仪器两类基本形式。

从力学角度分析，产生振动的原因是转子受力不均衡，使质心偏离运转轴心，导致偏心旋转。高速旋转使离心力加强，振动加剧，表现为转子失衡。常用振动速度（单位为 mm/s）和振动位移（单位为 mm）表示失衡程度。前者的精确度比后者高；后者则较直观，能更有效地配合日常诊断。

2. 转子运动失衡的处理和预防

制粉机转子质量不大，但是处于高速旋转（约 10^3r/min）时，其动平衡显得很重要。只要局部微小的不平衡，足以使精巧的转子振动"大"超标。这个特性来自转子运行内在机制的不平衡，是由它本身的结构和性能决定的。为说明此自组织（机制）特性，特引一件我亲自处理的真实事例。

2012 年，我们在进行 CXL1500 型冲旋制粉机列试生产石灰石脱硫剂时，料中有硬块，制粉机打刀了。转子受损，刀架稍有变形，质心偏移，遂造成运转失衡：转子转速 800r/min 时，振动速度 4.6mm/s，达到允许值 1.8mm/s 的 2.5 倍。可明显感到机器振动。转子重约 2t，若拆下运往制造单位，费用不菲。我建议做在线动平衡。整个过程记载于专著《冲旋制粉技术的理念实践》第 215～218 页。从准备测试到施工调试，前后 3 天圆满完工，交付生产验收，事后通过专家测定。

CXL1500 型冲旋制粉机转子失衡的校正，只需将 1.6kg 重块焊在大刀盘上，离轴心 370mm 就可以了。如果重块焊在刀架外圆端，即离轴心 1/2×1500mm=750mm，则重块质量只需（370mm/750mm）×1.6kg ≈ 0.8kg。对于 2t 转子，只需用 0.8kg 重块（即

4/10000 的转子重量），就使机器运转平稳，可谓"四两拨千斤"。高速运行设备的平衡不容忽视，要尊重其自组织特性，及时纠正失衡，避免造成重大事故。

由振动引发的破坏性可从转子发挥的能力体现出来，也有实例可鉴。

2009 年，新的一台 CXL1200 型冲旋制粉机装配完工，需空试，按规定应逐步提速。当转子转速达到 600 r/min 时，整机有点摇动，像要向上浮；当 700r/min 时，整机离地跃起，机下冒出一阵风后下落，接着又抬起，又落下。究其原因在于转子刀片布设略带倾角，鼓风向上，形成螺旋风，因机器上部封闭，风转而向下，将整机抬起后，风从机器下泄出，后机器因自重而下落。

鉴于此，转子失衡应多加预防。应切实执行操作维护规程的相应措施，其中包括：①刀片应预先称重分类，两两对装。刀盘直径对装刀片，重量差不得超过 10g。②换刀片和固定螺栓、螺母须成对。③加料要均匀。④经常检查机体振动状况，以及转子的支撑轴承装置温度和振动情况。

3. CXL1500 型冲旋制粉机失衡的动力学偏心力计算

配 0.8kg 重块，可使转子平稳工作，正是由于其作用力 P 相当于当初失衡时的偏（离）心力：

$P=mr\omega^2$=0.8kg × 0.75m × 84r/s²=4234N，相当于 400kg 产生的力（注：为方便表述，沿用生产中的习惯，下文以质量表示产生的力）。

式中：r=0.75m 为配重定位，即离轴心距离（折算值）；$\omega=n/60$=800 × 2π/60=84r/s；m=0.8kg 为配重重量（折算值）。

800g 配重在 CXL1500 型冲旋制粉机大刀盘上发挥 400kg 产生的离心力，使 2t 的转子从失衡回归正常状态。将相关参数列于表 1，即可明示从失衡值推算出的各种状态下的离心力值。

表 1　CXL1500 型冲旋制粉机振动表征值

振动表征值	允许值	失衡值	校正值（正常值）
最大振动速度 /（mm/s）	1.8	4.6	1.5
最大位移 /（mm）	0.08	0.107	0.057
最大允许离心力 /kg	156	400	130

表中失衡值、校正值来自实测。允许值 1.8mm/s 和 0.08mm 系标准规定值。校正后离心力和最大允许离心力由以下公式推算获得。

校正离心力：（1.5mm/s）/（4.6mm/s）× 400kg=130kg。

最大允许离心力：（1.8mm/s）/（4.6mm/s）×400kg=156kg（＞130kg）。

CXL1500型冲旋制粉机正常运转后，经多次实测（包括专家测定），最大振动速度、最大位移均未超过1.8mm/s、0.08mm，即各种因素均未超标。

从分析得知，引发振动的各类作用中，最后产生的对转子的离心力是最终的衡量因素。离心力从校正值130kg增大到允许值156kg，即增加约20%，就会引起振动超标，所以，20%正是一条界线，可用于界定各种工艺、设备参数的变动，如加料量、刀具量等。值得重视的是，最佳正常值（校正值）和最大临界值（允许值）要凭仪表数据、感官综合判断。现举实例于下。

CXL1500型冲旋制粉机有2个加料口，若两者的加料量之差未超过20%，则机器保持平稳。设CXL1500型冲旋制粉机加料量为36t/h（即36000kg/3600s=10kg/s），分两份加料，加料量分别设为A和B，则$A+B=10$，$A=1.2B$，得$A=5.45$kg/s，$B=4.55$kg/s，两者相差0.9kg/s（即3240kg/h）。若能达到此要求，转子和整机运转平稳。所以，进料机构里设置了流量调节板，尽可能保持2个加料口的加料量之差＜3240kg/h。

又如，在一台CXL1300型冲旋制粉机上，为增加产能，采用3个加料口，2个对称设在直径两端，另1个加料口的设置见图1，并且加料量按0.4：0.4：0.2分配。投产后，整机一直处于振动的临界状态，振动位移为0.10mm。仔细分析，原因就在"0.2"上：对称两加料口加料量占比均为0.4，单独的1个加料口的加料量多20%。这正好印证CXL1500型冲旋制粉机测得的数据。可是，在另一台CXL1300型冲旋制粉机上，3个加料口的加料量

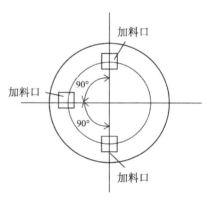

图1　3个加料口不恰当的布设

平均分配，引起主电动机（45kW）电流波动20A，设备振动更大，无法正常生产，只能拆去第3个加料口。以上论证在CXL1500型冲旋制粉机上得到相同的结果。

4. CXL1500型冲旋制粉机动平衡实际的分析结论

1）在线人工动平衡技术是成熟的，在缺乏有效检测手段的条件下，可以成功、快速地完成任务。

2）转子失衡的原因包括机件损伤、不均衡磨损等，也包括生产工艺上加料不均衡。这些因素使粉碎作用力失衡，引发转子振动，破坏力不可低估。

3）整机不平衡量增大，超过20%，就会引起振动超标。就同类型冲旋制粉机而

言，20% 可视为界限。比如若加料分流，差量不可超过 20%。

　　4）结论适用于各规格 CXL 型冲旋制粉机，因为 CXL 型冲旋制粉机的机制相同，内外关系相似，根据系统自组织理论，应予以确认。

对撞与冲旋制粉技术的对比

有机硅用粉的基本技术要求如下。

①化学成分符合国家标准。

②粒径 40 ～ 325 目，+40 目粉占比＜ 1%，−325 目粉占比＜ 15%（按需调配）。

③产能 5t/h。

④化学反应活性高（自定要求）。

冲旋和对撞制粉均能达到要求。相比之下，对撞粉较冲旋粉更具优势，更适用于有机硅合成。

1. 优势比较

1）产能高。基本产能是 5t/h（这是冲旋制粉机的最大产能），对撞冲旋制粉机（简称对撞机）要在此基础上继续提高。

2）能耗低。产量同是 5t/h，冲旋制粉机要用 55kW 电动机，对撞机则只要 44kW，而且对撞机产能提高空间大。

3）产品化学反应活性高。经检测，对撞粉的反应活性比冲旋粉高 30%。有机硅合成指标及最新的原子经济理论也证实了对撞粉的反应活性更高。

4）设备结构、维护性能好。对撞机轴承组合简单，寿命长，抗振能力强，性能调节范围宽。

2. 劣势比较

1）对撞机生产使用经验积累少，应用年份短。

2）对撞机全线氮保有待验证。

3）对撞机制造价格稍高，但日常维护费稍低。

4）多晶硅用对撞粉成品率比冲旋粉低，有待提高。

3. 优势溯源

对撞制粉技术的优势根源具体分述于下。

（1）对撞是冲旋制粉技术发展的高级阶段

冲旋制粉机从 20 世纪 80 年代中期开始研发，已由小型卧式机（ZYF330～ZYF600 型）发展到中型立式机（CXL1200～CXL1500 型冲旋制粉机），而 2015 年后研制的 CXD880 型对撞冲旋制粉机正是迭代演进的结果。它符合技术发展的规律。技术发展规律中的 S 形曲线[1]和逻辑斯蒂模型（Logistic model）为此提供依据，从而得下述迭代演进图（图 1），得曲线 $Z=f(t)$。式中：Z 表示制粉机性能参数，如产能、产品品质、能耗等，其随着研制和使用时间 t 的增加而提高。比如，1985—2000 年，ZYF600 型冲旋制粉机历经 16 年发展，Z 达到 $2a$；CXL1200 型冲旋制粉机经 10 年进入成熟期；而预计 CXD880 型对撞冲旋制粉机经历 5 年，Z 增量至 $3.5a$，比 CXL1200 型冲旋制粉机的 $2.5a$ 高 $1a$。[1]12 迭代演进在实践和理论上皆被证实。对撞是冲旋制粉技术发展的高级阶段，也完全符合研制的愿望。

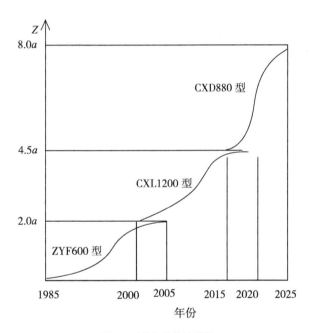

图 1 对撞机迭代演进图

（2）对撞冲旋制粉机理更完善

对撞机配置 2 个转子，结构相同 / 相异，各自传动。每个转子设大、小刀盘各 1 个，直径比相同 / 相异；各配粉碎刀具组合。转速和方向可相同 / 相异；在同一水平轴线上旋转。详细介绍见文献 [1]。产生的粉碎过程包括：小刀盘的冲旋粉碎、大刀盘的冲旋粉碎和 2 个转子大刀盘间的对撞粉碎，即由大刀盘旋转引发的冲旋粉碎的气料流携带物料，循着各自的螺旋流互击，成对撞粉碎。结果显示对撞比冲旋更优，形成粗碎、中碎、细碎 3 种融合制粉过程，且产品粒度为较完美的组合，品质也更佳[1]。这说明对撞粉碎的机理更完善。

（3）对撞机产能高，产品品质好

三段对撞粉碎的关键在对撞细碎段，其特性就在于：调节两转子的转速，使它们相互搭配，制得的粉具有不同的粒度组成（如粗与细），达到粉体粒度集质构型和粉粒高原子密度构型。粗、细粉对撞正是重要的促成因素。试想，由高速转子送出的粉体小、多棱、硬（变形大）的细粉与由低速转子送出的粉体大、多面、脆（变形小）的粗粉相对高速对撞，两者沿缝隙多处开裂、四溅飞散，获得大量劈碎的粉体。其详细论述见文献 [1] 第 324–326 页。同时，对撞粉因为劈裂面多，硅晶体解理面，即晶面（111）显露多，原子密度高，参与继后合成反应的活性高，原子经济效益好。所以，对撞粉品质高。若多一段对撞粉碎过程，产能显著提高。

美中不足的是，对撞粉中细粉偏多，对撞生产的多晶硅用粉成品率比冲旋低，尚有待续调试，降低细粉率。

（4）对撞机设备结构和维护性能较好

对撞机卧式转子轴承结构简单而刚度好，转速可提高至 1500r/min，润滑条件改善，寿命长，平衡性好。设备维护亦较简便。设备的工艺性能，尤其是粉碎速度调控范围大，双转子速度选择更灵活。

不过，对撞机问世时间不长，使用经验有待积累，制造价格偏高，相信随着应用发展，将全面显示优势。

参考文献

[1] 常森 . 冲旋制粉技术的理念实践 . 杭州 : 浙江大学出版社，2021.

硅细粉对撞融合技术的论题

有机硅用硅粉的粒度组成随有机硅单体生产工艺的不同有较大区别。有机硅用硅粉分粗、细两种：①粗粒，$d50=100 \sim 120\mu m$；②细粉，$d50=50 \sim 70\mu m$。粗粒可由冲旋和对撞技术制取（采用对冲法）[1]。而细粉的制取尚存在一些困难。常用的立磨机机械化程度高，冲旋和对撞机自动化程度高，产能也高，只是电耗、物耗较大，成本偏高，操作要求高，经济效益有待改善。制取有机硅单体的技术成熟，效益指标不差，但是，当下尚未有适用的制细粉技术。笔者经探索，以对撞技术辅以碾磨细粉碎技术，形成对撞融合碾磨制粉技术。研究的宗旨是：保持对撞制粉的高品质，融合少量碾磨细粉，获取对撞融合硅粉，满足有机硅用细粉的要求。要求：粒径＞150μm（+100 目）粉占比 ≤ 10%；$d50 ≤ 50\mu m$（–300 目）。

1. 对撞融合碾磨的现实基础

取 CXD880 型对撞冲旋制粉机和 900 型立磨机等生产硅粉实例，将两者当前制细硅粉的粒度组成等列于表 1、表 2 中。

表 1　CXD880 型对撞冲旋制粉机生产硅粉的粒度和产能（对冲粉碎占比反演绎法）

序号	产品		50 ~ 100 目（150 ~ 300μm）	100 ~ 200 目（75 ~ 150μm）	200 ~ 300 目（50 ~ 150μm）	–300 目（< 50μm）	全粒级
1	原成品（–100 目，< 150μm）	占比 /%	40	20	25	15	100
		产量 /（t/h）	2	1	1.25	0.75	5
2	成品（–100 目，< 150μm）	占比 /%	0	33	42	25	100
		产量 /（t/h）	0	1	1.25	0.75	3
3	拟产细粉的原成品（–100 目，< 150μm）	占比 /%	40	18	20	22	100
		产量 /（t/h）	2	0.9	1	1.1	5
4	拟产细粉（–100 目，< 150μm）	占比 /%	0	30	34	36	100
		产量 /（t/h）	0	0.9	1	1.1	3

表2　900型立磨机生产硅粉的粒度和产能

序号	产品		50～100目 （150～300μm）	100～200目 （75～150μm）	200～300目 （50～150μm）	−300目 （＜50μm）	全粒级
1	原成品（−100目，＜150μm）	占比/%	40	13	6	15	100
		产量/（t/h）	0.8	0.26	0.12	0.82	2
2	成品（−100目，＜150μm）	占比/%		22	10	68	100
		产量/（t/h）		0.26	0.12	0.82	1.2
3	拟产细粉的原成品（−100目，＜150μm）	占比/%	50	2	3	45	
		产量/（t/h）	1	0.04	0.06	0.9	2
4	拟产细粉（−100目，＜150μm）	占比/%		4	6	90	
		产量/（t/h）		0.04	0.06	0.9	1

针对 CXD880 型对撞冲旋制粉机，以表1中1、2项的生产实况数据作为基础，调控相应制粉参数，充分发挥硅晶体性能和对撞冲旋制粉机特性，获取表1中3、4项结果。

为实现上述结果，对制粉机结构、性能进行一系列改进，如小刀盘直径增大、刀片斜角调配（增大对撞量）、衬板结构改善、雨淋式进料、转子转速增大等，期望能增加晶面（100）的碎裂，提高细粉量。

关于氮保环态下，制粉机内气料流场仍保持常态，负压在 500Pa 以上[1]280。不过，气料均在机内循环。

基于表2的1、2项生产实况数据，调整相应参数，利用硅晶体特性和立磨机特性，获取表2的3、4项结果。

该立磨机主要技术性能：900型立磨机，4个磨辊∅300mm，电动机功率55kW，电动机6极，磨盘∅900mm，磨盘转速300r/min，磨辊转速110r/min，本机重10t，检修部件重1t。900型立磨机生产硅粉统料筛析曲线见图1。

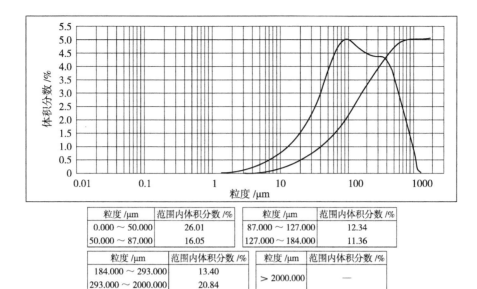

粒度 /μm	范围内体积分数 /%	粒度 /μm	范围内体积分数 /%
0.000 ~ 50.000	26.01	87.000 ~ 127.000	12.34
50.000 ~ 87.000	16.05	127.000 ~ 184.000	11.36

粒度 /μm	范围内体积分数 /%	粒度 /μm	范围内体积分数 /%
184.000 ~ 293.000	13.40	> 2000.000	—
293.000 ~ 2000.000	20.84		

操作说明：50μm: 28% ~ 33%；50 ~ 87μm: 12.4% ~ 13.6%；
87 ~ 127μm: 9.9% ~ 10.9%；127 ~ 184μm: 10.2% ~ 11.2%；
184 ~ 293μm: 12.5% ~ 13.9%；293 ~ 2000μm: 19.7% ~ 25.3%

图 1 900 型立磨机生产硅粉统料筛析曲线

鉴于立磨机的特性，拟利用其碾磨能力，多粉碎晶面（100），增多细粉。所以，将对撞筛分得到的粗料作为原料，经调控后，达到要求，细粉量增加。

1250 型立磨机性能良好，能充分发挥内筛分技术效能，使硅晶体碎裂程度深，易碎面大量解理，难碎面解理程度增强，细粉量剧增（表 3），不过能耗等增加很多，加工成本较高，硅粉活性比较低。

表 3 1250 型立磨机生产硅粉的粒度与产能

产品		50 ~ 100 目 （150 ~ 300μm）	100 ~ 200 目 （75 ~ 150μm）	200 ~ 300 目 （50 ~ 150μm）	-300 目 （< 50μm）	全粒级
成品粉(-100 目，< 150μm)	占比 /%	10	20	20	50	100
	产量 /（t/h）	0.5 ~ 1	1 ~ 2	1 ~ 2	2.5 ~ 5	5 ~ 100

上述三实例已明显体现出三种制粉法的特性。

当明晰了三种典型的硅细粉制粉技术实践后，可以探究对撞的融合特性，结合部分碾磨工艺，使细粉量增大，满足有机硅用细粉的要求。当然，对撞粉活性降低，对合成指标起消极作用。硅粉制粉技术、经济和社会效益基本不变。不同制粉实践表明了融合的可能性。基于此思路，将碾磨技术（选用 900 型立磨机）融合对撞制粉技术，获取以下所需产品：1# 和 2# 对撞融合粉。

1# 对撞融合粉：CXD880 型对撞冲旋制粉机配 900 型立磨机。工艺流程见图 2、图 3。根据表 1 和表 2 第 4 项拟产细粉组合，列于表 4。1# 对撞融合粉的粒度组成与 1250 型立磨机生产的硅粉相当（对照表 3）。

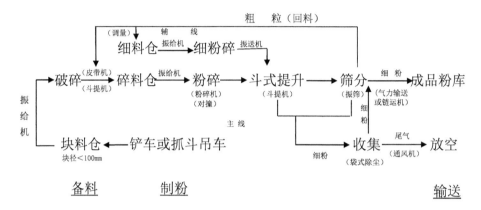

图 2　对撞融合工艺流程简图

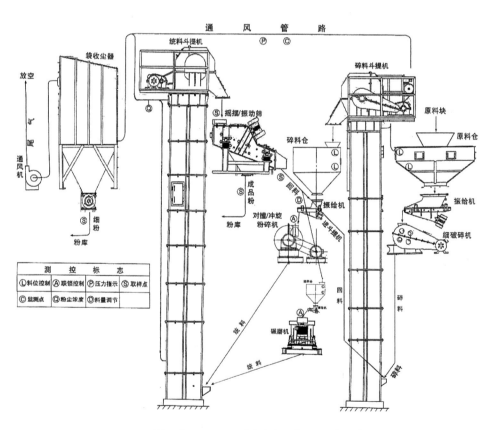

图 3　对撞融合硅细粉制取技术生产工艺流程形象系统图

表4　1# 对撞融合粉

序号	产品		50～100目（150～300μm）	100～200目（75～150μm）	200～300目（50～150μm）	-300目（< 50μm）	全粒级
1	对撞拟产细粉	产量/（t/h）		0.9	1	1.1	3
2	碾磨拟产细粉	产量/（t/h）		0.04	0.06	0.9	1
3	融合细粉	产量/（t/h）		0.94	1.06	2.0	4
		占比/%		23	27	50	100

2# 对撞融合粉：CXD880 型对撞冲旋制粉机配 1250 型立磨机。

工艺流程和系统配置同前，生产的粉的性能同前述 900 型立磨机生产的相近。有关数据列入表5，第 3 项即为 2# 对撞融合粉的特征。其粒度组成与 1250 型立磨机生产的粉相当（对照表3）。

表5　2# 对撞融合粉

序号	产品		50～100目（150～300μm）	100～200目（75～150μm）	200～300目（50～150μm）	-300目（< 50μm）	全粒级
1	对撞拟产细粉	产量/（t/h）		0.9	1	1.1	3
2	碾磨拟产细粉	产量/（t/h）		0.03	0.07	0.9	1
3	融合细粉	产量/（t/h）		0.93	1.07	2.0	4
		占比/%		23	27	50	100

由此可见，对撞融合技术能提供新型融合粉，替代立磨粉，提高有机硅单体生产指标。相关证明见后。

2. 对撞融合技术机理

硅块制成粉的原理是，外加力能使硅块碎裂成粉状。宜用微观动力学对硅晶体应变做动态分析研究[1]199, 212。硅具有分形结构，体现为晶体，其具体形态、性能在文献[1]中有详细说明。硅晶体呈金刚石晶型，实体是面心立方晶格[1]181。面心立方晶格有 3 个主要晶面，即（111）、（110）、（100）[1]318。它们在一个晶格里的数量分别为 8、4、6。这 3 个晶面的解理性明显不同：（111）面为是解理面，即易裂解，易碎；（100）面为难解理面，坚实；（110）面为准解理面，解理能力居中。当受外力，如对撞、冲旋时，3

个晶面在碎裂应变动态响应程度上明显不同：（111）面最先裂，碎裂程度也大。晶面的碎裂量与3个面的数量有关系，与数量的占比应成正比，可做如下估算。3个面总计有18个：（111）面占44.4%；（110）面占22.2%；（100）面占33.3%。它们在不同的刀具粉碎作用下，经对撞、冲旋的冲击及碾辊的挤压，在各个粒度谱中始终保持着这样的占比概率。但是，粒径＜50μm（−300目）后，对撞、冲旋制粉很难再细，碾磨则可继续发挥效能。原因就在于，难解理面在碾压之下，受到的压缩力和能量超过（100）面的抗压强度和结合能，从而解理；而冲击力偏弱，就无法使硅粒细化。所以，对撞必须融合碾磨，才能更好地发挥效能。

上述对硅粉碎的微观机理分析，在文献[1]中有详细阐释，并由测试结果证实，也期待今后更先进的随机动态检测仪器装备，如飞秒激光摄像等提供更有说服力的证明。可以运用该微观机理引导对撞融合技术，并指导具体实施。

上述分析正好印证：物含妙理总堪寻的"诗意"。硅的天然结构是金刚石晶型，貌似坚固，实则内含薄弱环节，其组成实体系面心立方晶格，三个晶面系性能各异，为打开晶体、获取所需粒度谱提供基础，使我们能寻到对撞融合碾磨技术，满足生产要求。

3. 对撞融合对硅粉品质的影响

由于细粉部分经碾压制成，3种晶面在粉粒表面显露的概率相同，这与粗粒表面的（111）面较多区别较大，因此，碾压细粉较粗粒表面活性下降20%左右。但是，碾压细粉最多只占所制硅粉的25%，其总产量不过1t/h（全线产能4t/h），且粉粒细，晶粒也细，活性增大，所以，综合效果不会有大差别。

4. 对撞融合的工艺流程

在原高质效对撞硅粉生产工艺流程上，旁引一小规模产能的碾磨辅助机列（图2、图3），将从对撞线筛机排出的粗粒回料定量分流一部分，经小料仓、振动给料器，送进碾磨机，将全部出粉送回原对撞统料斗式提升机（简称斗提机），混入对撞统料中，一起过筛。获得的成品粉粒度小，保持高质效，能满足用户要求。

5.CXD880型对撞冲旋制粉生产线组成和主要技术经济指标

（1）组成

根据对撞融合理论和工艺流程，确定相应的CXD880R型对撞冲旋制粉生产线，主要设备列于表6。

表6　CXD880型对撞冲旋制粉生产线的主要工艺设备表

一、备料机列					
序号	设备名称	型号、规格	主要性能	参考价格/万元	供货厂
1	块料仓	L12型	2500mm×2500mm 12m³ 料块径<15mm		
2	振动给料装置	ZG70F型	给料能力 15t/h		
3	颚式破碎机	PE250×400型	进料块块径<100mm 出料块块径<15mm 产量 10t/h		
4	斗式提升机	NE50型	产量 50t/h 块径<15mm		
5	除铁装置	ZT型	永磁式磁感应强度 150mT		
二、CXD880型对撞冲旋制粉机列					
序号	设备名称	型号、规格	主要性能	参考价格/万元	供货厂
1	碎料仓	L10型	有效容积 10m³（按要求确定容积）		
2	振动给料装置	ZG40F型	给料能力 15t/h		
3	制粉机列	CXD880型对撞冲旋制粉机	对撞卧式 进料块块径<15mm 出料粒度可调 转子转速 0～1500r/min 刀片回转直径 880mm 电动机功率2×（22～37）kW（变频调速） 配高耐磨衬板、刀片 产能 4t/h		
4	斗式提升机	NE50型	输送能力 50m³/h		
5	筛分机	叠式方形摇摆筛1836型	筛分面积 7.2×3×2m²×2 电动机功率 7.5kW		
6	袋收尘器	PPW32-5型	过滤面积 160m² 脉冲风机电动机功率 15kW（自动清灰）		
7	除铁装置	ZT型	永磁式		
三、细粉辅助机列					
1	分料仓	L3型	有效容积 3m³		
2	振动给料装置	ZG40F	给料能力 6t/h		
3	细粉制粉机	900型立磨机	辊碾磨，碾盘Ø900mm，功率55kW		
4	振动输送机	GZG300-4000	输送量 5t/h，电动机功率2×2.5kW		

（2）主要技术经济指标

1）原料块

硅块块径 ≤ 15mm，$\sigma_b <$ 40MPa。

2）产品

粒度组成：100 目（>150μm）粉无；100～200 目（75～150μm）粉占 23%；200～300 目（50～75μm）粉占 27%；−300 目（<50μm）粉占 50%。

$d50 < 50$μm。

CXD880R 型对撞冲旋制粉机对撞融合粉 1# 硅粉频率分布特性曲线见图 4。粉体具高效构型，反应活性和粒度集质均达到优良级[1]336–341。

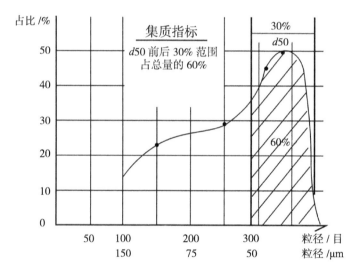

图 4　CXD880R 型对撞冲旋制粉机对撞融合粉 1# 硅粉频率分布特性曲线

3）产能

4t/h。

4）总电动机容量

140kW。

6. 结论

理论和实践研究证明：对撞融合技术能生产硅细粉（$d50 < 50$μm），并保持原有的高效能指标。

概括而言，融合的实质在于：①在保持原有粉的高品质基础上，增大细粉量，弥补对撞粉的不足，使晶粒进一步细化，活性提高。②碾磨粉以对撞粉为原料，活性提高。

对撞粉原料中晶面（111）、（110）较多，比碾磨本体原料要好得多。况且，碾磨粉量占比为25%，对主要成分对撞粉活性的消极影响有限。③碾磨流程与对撞流程紧密相连相通，共用一套装备，形成一条生产线。结果是两种粉相互融合，不限于混合。根据上述技术原则，已完成工艺设计。注：CXD880型对撞冲旋制粉机经不断改进，已能单独承担细粉生产任务。[1]

综上所述，本研究的主导思想为：变量组合，主协互补，构效优化，技术融合，争得倍增效应。

参考文献

[1] 常森. 冲旋制粉技术的理念实践. 杭州：浙江大学出版社，2021.

粗硅粉生产的优化技术研究

——CXL1500 型冲旋制粉机生产能力的研究

硅粉粒度是重要的质量指标，影响硅粉质量、产量和成品率。三氯氢硅、多晶硅用粉要求比有机硅用粉粗。可惜当前此类粗粒产能不高，成品率低。我国硅产品（包括光伏电池等）的产量占世界产量的一半。其原料硅粉中，冲旋粉则占 50%。但是，我们不自满，要把产品粉制造得更加优质。

经分析，CXL1500 型冲旋制粉机最能满足当前发展需要，其产品粉质量、产量等有待进一步研究。不妨以 CXL1300 型冲旋制粉机做对比，取其当前已获得的指标作为基础，并按 CXL1500 型冲旋制粉机的先进指标，推导出相应的变化。为合理设计使用，提供可靠原始资料。

CXL1300 型冲旋制粉机近年指标如下：①粒径 20～240 目，常用 20～120 目、30～160 目、40～240 目。②产能 1.5～4t/h，成品率 83%。基于上述动态值，选出比较基值：产能 3t/h，成品率 83%。

经后续比较研究，CXL1500 型冲旋制粉机达到：产能 3～8t/h，常设其先进指标为 6t/h；成品率 83%～87%，常设其先进指标为＞85%；相应的先进指标可能会发展至＞7t/h，成品率＞88%。现将比较研究分述于下。

1. 粉碎过程的比较

粉碎过程的影响因素如下：刀劈切的次数、频率，以及粉碎空间效率。粉碎效果是与单位时间内劈切次数、空间互击的次数和每次劈切的效率成正比的。因此，由刀盘上的刀片数、转速可得每分钟劈切次数。劈切速度决定转子转速，转子转速 CXL1300 型冲旋制粉机为 700r/min，CXL1500 型冲旋制粉机为 600r/min；大刀盘上刀片量 CXL1300 型冲旋制粉机为 12 把，CXL1500 型冲旋制粉机为 16 把。由此得：

劈切速度：CXL1300 型冲旋制粉机为 700r/min×12 次 /r ≈ 8000 次 /min，CXL1500 型冲旋制粉机为 600r/min×16 次 /r ≈ 10^4 次 /min。

劈切速度比：i_1=（10^4 次 /min）/（$0.8×10^4$ 次 /min）=1.25。

劈切效率：$i_2 ≈ 1.25$。

空间效应：包括在机腔内物料互击和衬板反击。CXL1500 型冲旋制粉机空间大，其效应（粉碎效果）应比 CXL1300 型冲旋制粉机大，并同空间容积成正比，则 $i_3 \approx 1.5$（空间容积之比以刀盘直径的立方比表示）。至于刀具粉碎率，有待深化研究。

所以，CXL1500 型冲旋制粉机的产量与 CXL1300 型冲旋制粉机的产量的比值 $i=i_1 \times i_2 \times i_3$=1.25×1.25×1.5=2.3。此为理论值，而先进指标设为 2。就以简单的刀盘直径的立方比计算，$i \approx 1.5$。

为保证效果，必须实施下述研究应用成果。

2. 制粉机转子刀盘大小配置的研究

采用三级刀盘配置。从上到下布设小、中、大刀盘，直径分别为 900mm、1200mm、1500mn。刀片尽可能上下错开，因为硅块在破碎过程中逐步硬化，给予的冲击能量应逐级增大，即刀盘直径也应相应加大。转子调定速度后，刀盘上刀片刀锋速度随直径增大而增大，动态冲击能量值随之增高，劈切产生粗粒。

目前，在"粗"粉生产方面已有很多有效的调控技术，应结合 CXL1500 型冲旋制粉机，发挥更大效果。

3. 充分实施均匀加料和单颗粒粉碎

向制粉机加料必须使料散开，自上而下高速下落，形似雨淋。料落进刀片劈切空间，刀击单颗粒，达到较完整的劈开效果，获取粗粒，保证粒度质量和粉碎效率。加料如用簸箕倒垃圾，则为层料粉碎，效果不佳。

4. 刀具的逐步完善

为顺应劈切粉碎过程，可将刀片在原菱形基础上把角改成图弧形。刀具的粉碎效率因结构、型式、大不相同，详见《冲旋制粉技术的理念实践》第 67 页图 9.4。

上述 4 个方面，首条介绍了取得成果的具体手段，随后 3 条实为坚强可靠的保障基础。CXL1500 型冲旋制粉机制取"粗"硅粉的效果突出！如用于"细"粉生产，必须经小批量试产。

关于硅制粉"细"化技术的系列分题论文

——谋求硅制粉技术的突破性提高

冲旋硅制粉技术已发展 20 多年，呈现良好的生产性能和指标，并处于国内领先地位。各组成单机间的联合运行均经实践考验，协调性很好，但是为紧跟硅业发展，尚需努力，产能、成品率等指标有待提高。就应用历史而言，冲旋硅制粉技术经多年发展，应该取得突破性提高。可是突变点在哪里？应该用前瞻性思维反观现实。制粉机经多次改进，已发展到对撞机，处于创新型 S 形发展曲线阶段[1]。筛机品种多样，能满足各种需求。突破点难道在于大家较少研究的颚式破碎（简称颚破）机？但是，大家往往认为破碎只是第一步，物料的性质经粉碎会彻底改变，所以，破碎的影响不大。这种观念很普遍，可仔细分析发现，它是片面的。相反，破碎的作用深远，效果不容忽视。

有必要深入研究破碎方式对制粉质和量的效用。需经数字化手段，给出明显的比较结果。经多方考察，在小型制粉工艺方面，常用的是颚破，其次是锤式破碎（简称锤破），罕用对辊式破碎（简称对辊破），另外还有反击破碎（简称反击破）。颚破产品的质和量已被基本了解。对辊破的生产质量不高。锤破因磨损过快而较少用。反击破多用于水泥、陶瓷、煤炭等行业，中、细破效果不错。从生产实践判定，硅制粉用颚破最好。但是，从破碎理论分析，硅制粉以反击破最佳，详见本书中《硅破碎技术的比较研究》，故必须考察确定。现从如下三个方面考察。

1. 破碎的产能效果

（1）破碎粒度对粉碎的影响

PE150×250 型 和 PE250×400 型颚破机生产的碎料粒径分别为 < 20mm 和 < 30mm，差 10mm。分别供料给 CXD880 型对撞冲旋制粉机，产能差 0.7t/h。这说明细碎料对粉碎有增产效用。

（2）反击破碎料细化的效用

反击破实际应用的碎料粒径都 < 5mm，且 25 ～ 150 目成品率 35%，–150 目细粉率 < 5%。碎料粒径 < 5mm，比颚破机生产的碎料细很多，且硬化程度高，粉碎中产生的细粉率低，为制粉机增产提供更优质的碎料。增效途径正展现于此。

2. 破碎的品质效果

颚破与反击破分属两种破碎机理，产品形貌和性能相异。后者品质，包括反应活性、比表面积、细粉率、粒度组成等，均超过前者。

3. 破碎的使用性能

1）颚破磨损件易换。反击破稍麻烦。

2）反击破速度调控较好，产品粗细可调。

通过比较可知，反击破比颚破更佳，产品的质和量均能使制粉生产指标大幅度提高。由此顿悟：原来破碎工序蕴藏着突破性提高的大能量。

正值此时，某硅业公司传来好消息：在两条硅粉生产线上试用反击破，产能大幅度提高。随后一连串试验也证实了该结果。

基于实践和理论分析研究，绘制工艺流程图。

为较详细地说明研究过程，笔者按工艺序列分专题编写了以下论述文章。

①《硅破碎技术的比较研究》（2022 年 9 月）

②《硅制粉生产的优化技术（之一）》（2022 年 10 月）

③《硅制粉"细"功夫的锤炼——创新优化技术的探索求证历程（之一）》（2022 年 10 月）

④《硅粉筛分"细"功夫的锤炼——创新优化技术的探索求证历程（之二）》（2022 年 10 月）

⑤《技改方案（某公司硅粉生产线）》（2022 年 8 月）

参考文献

[1]　常森 . 冲旋制粉技术的理论实践 . 杭州：浙江大学出版社，2021.

硅破碎技术的比较研究

——单颗粒和料层破碎的理念实践

摘要：比较颚式破碎机和反击破碎机技术性能和实践效果，认证在硅制粉现行工艺上，后者胜过前者。同时，介绍了料层破碎和单颗粒破碎工艺。简要阐明颗粒物质理论在硅制粉技术中的应用。

硅制粉工艺里包含硅块料的破碎和碎料的粉碎。经多年生产实践和理论研究，有必要做比较分析，以利今后的发展。其实质是：单颗粒和料层破/粉碎的比较研究。

1. 硅原材料

冶炼得到的硅锭，经人工和机器破解，成为粒径约 100mm 的硅块。生产上，习惯以粒径约 100mm 的硅块为原料制作各类硅粉。而粒径约 100mm 的硅块需经破碎后转送制粉生产。制粉初期，简单的颚式破碎机运用较多。廿多年间，我们先后使用过圆锥破碎机、锤式破碎机等（目前还在用）。面对制粉技术发展，需要考虑破碎工序的改善，选用比颚破机更好的破碎机是个主题。

2. 技术认识的变迁

对于硅的认识，我们已知道它怎么冶炼、敲碎成块、经粉碎生产获得粉，其中每个工序、环节的过程也清楚。同时，逐渐了解硅的特性对硅粉生产有着重大影响。通过理论研究和技术交流，我们对硅已有一个比较完整的认识：在生产过程中，硅处于颗粒物质状态，拥有相应特性，需要深入研究。在实际硅粉生产条件下，应用颗粒理论，研发相应的技术改进措施，其中就包括硅的破碎技术。

3. 硅块的破碎方式

硅是一种颗粒物质，拥有相应的特性。它的破碎有独特之处。

在硅制粉生产中，硅的破碎产物有两种基本形式：单颗粒和料层。以颚破为例，大颚破机适用于大料块，仔细观察，可发现大料块边破碎边下移，大部分产物顶在动、静颚板间，属单颗粒。但是，小颚破机的加料多大小不一，许多物块堆挤在动、静颚板之间，大部分呈料层破碎。两者看似没多大不同，实际上，仅凭肉眼观察，就发现明显区别，且效果各异。尤其产物——破碎后的碎料性能各异。

4. 料层破碎机理

单颗粒破碎的机理人们很清楚，而料层破碎[1]有待解析。通常认为粒径 > 1μm 的物质是颗粒。以硅颗粒群为例，将物块送进颚破机动、静颚板间，两颚板分别用外力 P 挤压物块，物块成碎料（图 1）。此挤碎过程描述如下。

1）预实。物块受 P 作用而互相靠拢。同时力链通过接触点（图 1 中 △）穿透颗粒，组合成力链网。颗粒开始相互接触，经表面摩擦，错位结合，达到预实状态。

2）密实。随着 P 作用的增强，借力链靠拢的颗粒群表面互相挤压，形成镶嵌，逐步挤紧，颗粒骨架紧缩，力链增强，直至颗粒互相靠近至空隙消除，开始弹塑性变形，达到密实程度。

3）破碎。P 通过力链网发挥作用，使颗粒破裂，完成破碎过程。

从上述描述看，颗粒是在料层状态下碎化的（参见文献 [2] 中图 4）。这与单颗粒分别受力破碎不一样。这就是料层破碎。

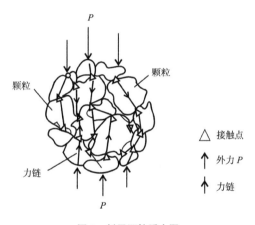

图 1　料层颗粒受力图

5. 硅的破 / 粉碎过程和机理

制粉生产线上，硅呈颗粒状。在破碎和粉碎过程中，物料变形碎裂，符合常规的应力 - 应变曲线关系（图 2）。

破 / 粉碎是快速变化过程。如应力 - 应变曲线所示，应变随着应力变化，应力增高，应变增大，两者开始时是线性关系；当应力增大至一定值时，应变会发生突变，两者关系呈曲线形，此时，物料被混沌顺碎。[3]287 输进能量愈大，应力也愈大，应变随之更大。能量输进愈快，应力增长也快，应变随之加速。能量在物料中线性增大得愈多，物料碎裂程度愈剧烈，碎料愈细、愈多。任何物料都是如此，硅的脆性碎裂是典型。因此，掌握好输入能量，即能调控碎料粒度。如要细碎料，输入能量就要多而快。所以，要获得细化硅粉，就要在变形线性段多且快地吸收能量，为突变做好准备；在非线性段时，粉碎取得最佳结果，获取高产量的优质细粉（$d50=50 \sim 60\mu m$）。必须在硅的破碎阶段争取尽可能多的细碎料，使粉碎阶段的硅粒拥有高密度能量，从而急剧、有效地碎裂，制取合格的粗细粉。

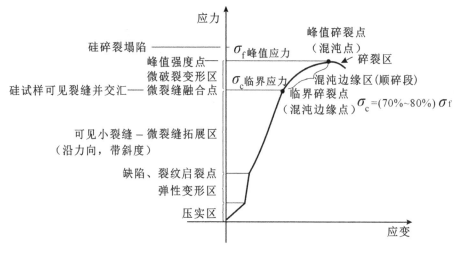

图 2　脆性变形破裂应力 – 应变曲线

　　硅在颚破机和反击破机上破碎时，应运用前述观点分析：循着吸收能量和颗粒内裂纹发展的线性、非线性曲线的演化过程，分清颚破和反击破各自的优势与劣势，便于比较和选用。为此，不妨援引物料粉碎"力能流学说"[3]243 予以分析。外加的力和能量合称力能流，是物料破碎的动力源。将颚破挤压力和反击破冲击力作用于硅晶体，引发并扩大裂纹，微能量 $dE=Vd(mV)$ 储存于裂纹结构中，增大了晶体内能。随着外力增大，裂纹增多。最后，硅块内能（dE）汇合成总能量 $E=\Sigma Vd(mV)$，即 $E \propto V^2$。整个破碎过程的破碎速度由 V 达到 V^2，物料受力，裂纹由各自开裂至互相交错，其维数与 V 成正比；破碎的能量则与 V^2 成正比。这就是破碎碎化程度从线性发展至非线性，符合物料破碎的总规律。可运用此规律对两种破碎机进行评价。破碎过程充分显示颗粒料的能量强耗散特性，即耗能缓冲特性。

　　循着应力 – 应变曲线，对两种破碎方式进行比较。

　　1）能量利用效果。能量利用包括它的量和质两方面。对于颚破，经历预实、密实和破碎三段，真正用于破碎的能量小，所以能量利用率低。而力能循着力链传输，引发裂纹的概率降低，即力能穿越物料晶体结构的选择性和速率受限，破碎效果劣化，能量的质效低。用应力 – 应变曲线对照，破碎线性阶段的微能量（dE）积累至非线性阶段的能量（E），应力与应变成几何级数关系，能量的利用效果有明显差异。反击破拥有节能、便捷的优势，具体参见随后的描述。

2）产品粗细调控。反击破运用冲击，通过调控速度即能得到各类粒度组成，其中包含一部分合格的成品粉，可增加生产线产能。颚破则效果较差，产品粒度大，不能为粉碎提供改进的碎料，更有甚者，其中的细粉还对粉碎起缓冲作用，降低粉碎效果。

3）产品反应活性。反击破属冲击方式，制取的产品粉拥有相应的化学反应活性。这令颚破望尘莫及。

4）设备潜能。颚破机整体结实，安全性强，尤其在粗、中破方面具有特殊优势，在采矿、化工、冶金、建材、水利等行业应用甚广。而在硅粉生产细碎料上，颚破稍逊于反击破。

6. 两种破碎方式的应用对比

颚破机和反击破机都可用于硅块破碎，得块径＜30mm 的细碎料。它们的对比详见表 1。

表 1　颚破机与反击破机比较

项目		颚破机	反击破机
结构	类型	曲柄联杆式	普通转子型
	复杂性	较复杂	一般
破碎方式		料层挤碎	单颗粒击碎
产品质量	粗细	粒径＜30mm，粗细不定、难控	粒径＜20mm，粗细可控
	疏松性与活性	挤碎对疏松化贡献有限，活性较低	冲击对疏松程度提高的影响较大，活性好
产能		较低	较高
维护		较简单	较复杂，易损件较多

上表显示，两者的区别主要在产品质量上：粒度和疏松性。粒度差别明显。反击破更具优势，既能产出一部分成品粉，又能提供高质量碎料。而两者疏松性的差别更大。颚破是通过物料层的挤压，使料块碎裂，同时融合部分裂纹，将颗粒物挤实，粉碎时首先要"解封"，即依靠首道（小刀盘）粉碎解除块料内被挤实的裂纹。这在整个生产过程中是消极因素。据人工测试，粒径约 10mm 的碎料已有相当高程度的硬化，直接影响粉碎效果。至于其他各项，两者无明显差异。

综合前述理论和实践比较，硅制粉生产线上颚式破碎机有必要换成反击式破碎机。

应用反击破提高冲旋硅粉产量和质量已取得初步成效。

7. 两机更替是历史的进步

纵观细粉生产技术历史，工艺设备配置演化概括如下。

旧式常规工艺流程（简化）：

颚式粗破→颚式细破→对辊挤碎→磨碎→成品

经多次改造，获较新的常规工艺。

新式常规工艺流程（简化）：

颚式粗破→颚式细破→反击破碎→粉／磨碎→成品

新式常规工艺获得的成品质量好，产量高。缘由就在于，单颗粒冲击优于对辊料层挤压细碎，而颚式细破亦属挤压破碎。当前，新式常规工艺在水泥、陶瓷、化工等行业均已取得实效，是一项重大改进。[4]

两机更替细碎正是粉体工程发展历史中的一段"插曲"。粗破和中破均在硅冶炼铸锭阶段完成，产生块径＜100mm的硅块。其生产过程基本相同。以反击破机代替颚破机符合技术的优化趋势，且已经初步实践证实，可大胆采用，并根据相关条件设计相应的工艺设备。

以上论述局限于硅粉生产。而论及别的物料和生产行业，则情况各异。如颚破用于物料硬且韧，在产量不高或一些特殊条件下，则是很适用的。

参考文献

[1] 李云龙，王淀佐.高压料层粉碎理论研究.长沙大学学报，2003（4）：36-39

[2] 严颖，赵春发，李勇俊，等.铁路道砟破碎特性的离散元分析.计算力学学报2017（5）：615-622.

[3] 常森.冲旋制粉技术的理论实践.杭州：浙江大学出版社，2021.

[4] 林德维斯特，罗伟，肖力子.岩石压缩破碎和冲击破碎的能耗.国外金属矿选矿，2008（11）：2-7.

硅制粉生产的优化技术

——在现有项目上的改进

1. 优化目标

（1）提高产品产能

增产 3t/h（如现项目单线产能为 5t/h，则可达到 8t/h）。

（2）品质

①粒形：减少片针形颗粒，增加多棱体颗粒。

②比表面积：随粒形增大。

③化学反应活性：提高。

（3）效果

①获得产量更高、品质更佳的硅粉。

②产能增加 50% 以上。

③成品率≥89%（现成品率≥88%）。

2. 措施

改变破碎方式：用反击破代替颚破。两者比较如下（表 1）。

表 1　颚破与反击破比较

项目	颚破	反击破
粒径	偏粗，粒径 < 30mm；粗细难调	较细，粒径 < 20mm；粗细易控；能产成品率 30% 的成品粉
粒形	片针形颗粒较多，不利于后续生产	多棱体颗粒较多，有利于后续生产
产能	能满足要求，产能一般	既能满足要求，又能直接产成品，并能促进粉碎效果。能增产 3t/h。成品率≥89%

3. 辅助设施

1）采用叠筛代替原单筛（叠筛价格 17 万元，比单筛贵 7 万元）。

2）工艺流程适当改进。方案见图 1、图 2，分别适用于氮保、常态非氮保。

3）采用两层楼厂房，不用原三层楼，立磨机和颚破机都在 3.5m 高的平台上，筛机在 7.5m 高的平台上，保证制粉机和筛机运行平稳。增加一台原料斗提机（约 5 万元），保证优化工艺顺利进行。

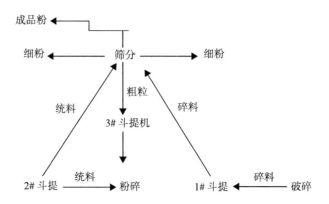

图1 反击破碎·冲旋粉碎工艺流程图（方案A，氮保）

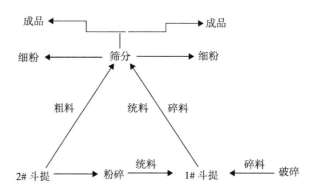

图2 反击破碎·冲旋粉碎工艺流程图（方案B，常态，非氮保）

4. 优化的技术基础

（1）制粉理论

颚破是料层破碎，反击破是单颗粒破碎。两者用于硅粉碎时，提供粉碎的碎料效用相差较大，详见《破碎技术的比较研究》《冲旋制粉技术的理论实践》。

（2）测试和实际生产

①生产设备上单次破碎测试和实际生产线的初步效果已明确。

②破碎设备使用的经验和理论分析，载于各类专业期刊。

（3）技术经济效益

反击破的各项指标均超过颚破。用两层楼厂房保证工艺设备顺行，操作方便。基建投资只增加12万元（叠筛和斗提机），且远低于盖厂房的费用（约50万元）。

硅制粉"细"功夫的锤炼

——创新优化技术的探索求证历程（之一）

最近，我写了四篇专题文章：《破碎技术的比较研究》（阐述单颗粒和料层破碎的理论实践）、《制粉生产线技改方案》（内蒙古某公司，建议稿）、《微碳铬铁制粉技术的试验研究报告》（山西某公司）和《硅制粉生产的优化技术（实例之一）》（在现有某项目上的改进），合计近万字，确是有感而发。它们的主旨是：以反击破替代颚破，能提供细碎料，其中包含一定比例（约 30%）的成品粉及令制粉机高产的细碎料（粒径 < 10mm），体现反击破生产"细"粒料的功能。所以，我们有必要认真研究，改造现有生产技术（工艺和设备），以期获提高硅粉的产量、质量和成品率。我们需要聚焦"细"字，着力提高硅制粉的"细"功夫，使用 CXL1300 型冲旋制粉生产线，使优化达到新境界。

产能：从 4.5t/h 增至 9t/h（有机硅粉）。

成品率：从 ≥ 88% 提高到 > 89%（多晶硅粉）。

研发的方向是：单颗粒破碎和料层破碎应有机配合；用前者取代后者，目前已初见成效。这些生产技术上的优化都有各自演进的背景，拥有各自的基础和根据，稳健发展。下面谈一下技改形成的历程、根据和例证。

1. 理论分析研究的启示和结果

对硅制粉技术的研究表明，制粉成效取决于两方面：一是硅的组成、结构、性能。二是制粉的手段，即力和能的运用。在现代仪器的协助下，人们见到了原位活态表象，经推敲和模拟，了解了物料在变形区受力能作用后发生碎裂的过程。研究者由此得到破碎的两种方式：单颗粒和料层破碎。它们是不同的，效果各异。我已写了将它们用于硅粉的专文，即理论启示。

2. 反击破提供细碎料及其成品率

将反击破提供细碎料的两项实例、一项推论展述于下。

[实例1] 宁夏某公司试验

选用 XSJ800×400 型反击破机（转速 830r/min）。

粒度组成（一次性破碎）：5mm ～ 25 目粉占比 58%；25 ～ 40 目粉占比 22%；

40～150目粉占比16%；–150目粉占比4%。

成品：粒径25～150目，成品率38%（一次性成品率）。

碎料：粒径＜5mm。

细粉率：4%。

[推论1] 由宁夏某公司试验推论

选用XSJ800×400型反击破机，提高转速，专打40～250目粉，则转速1000r/min。

粒度组成（推算）：5mm～25目粉占比40%；25～40目粉占比20%；40～150目粉占比20%；150～250目粉占比15%；–250目粉占比5%。

成品：粒径40～250目，成品率35%。

碎料：粒径＜5mm。

细粉率：5%。

[实例2] 四川某公司试验

选用PF1007型反击破机（转子∅1000mm×700mm）。

得到的碎料含35%的40～160目粉，粗粒再经CXL1300型冲旋制粉机制粉，成品率＞86%。

结论：反击破提供成品率30%～40%，整体粒径＜5mm，细粉率约5%。

3. 冲旋制粉机进料粒度对成品产量的影响

[实例1] 内蒙古某公司试验

有两条生产线，分别使用PE250×400型和PE150×750型颚破机，前者的产品粒径＜30mm，后者的产品粒径＜25mm，相差约5mm。用于生产40～260目有机硅粉，均用CXL1300型冲旋制粉机。生产结果是：前者产量2.2t/h，后者2.9t/h，相差约0.7t/h。

PE150×750型颚破机与PE250×400型颚破机相比，碎料粒径约小5mm，产量约高0.7t/h，增产率为32%。

[实例2] 四川某公司试验

用PF1007型反击破机生产碎料，供CXL1300型冲旋制粉机生产40～160目多晶硅粉。碎料中成品率35%，设给料总量6t/h，得成品量2t/h；冲旋制粉机原产能3.5t/h，因反击破料细，产量5t/h，增产率约40%。若此处碎料粒径＜10mm，比颚破（粒径＜30mm）约细20mm，增产率自当提高至40%以上，增产量大于3t/h，整体产能达到 7t/h。

[实例 3] ZYF430 型冲旋制粉机试验

在 ZYF430 型冲旋制粉机上试碎石英粉（同硅制粉性能相近）。选用粒径＜ 25mm 和粒径＜ 5mm 原料试碎生产 –40 目粉，粒径＜ 5mm 原料成品率比粒径＜ 25mm 原料成品率高。

结论：进料粒度小，冲旋制粉机的产能高。

4. 值得深思的成品率问题

硅制粉技术的三大指标为产量、质量、成品率。目前，前两项已取得较好的优化效果。

提高成品率也是一项"细"功夫，要做到"细"而不"微"。如要使比 150 目细的"微"细粉占比≤ 10%，那么，就以原成品率为基础，通过对比，优化条件，确定措施。

从制粉机下来的料，俗称统料。它有三个基本粒度组合：粗粒（回料）+ 成品粉 + 细粉。粗粒，即粒度比成品粉粒度上限大的物料；细粉，即粒度比成品粉粒度下限小的物料。要争取高成品率，就得粗粒（回料）率和细粉率都低。降低粗粒（回料）率和细粉率两项指标是提高成品率的关键所在。为此，调控参数是破 / 粉碎速度、刀具与衬板（反击板等）间隙、加料量等。以下先解释细粉的来源和粗粒（回料）的含义。

（1）细粉的形成

固体物料受力破碎时，同时产生许多颗粒，其中，粒度小于产品要求的颗粒就是细粉，它是固体块料或颗粒受刮研、挤压、冲击等外力作用而从其表面剥落下来的，少部分来自块料或颗粒内部。所以，物料疏松，细粉量就大，细粉率就高；反之则低。而调控技术则运用各类参数在物性基础上取得最佳结果，要成品率高，就得细粉率低。

（2）粗粒（回料）的形成

固体物料受力破裂，因物料内部结构不同，外力施展功能、路径等有差异，产生的碎粒大小和结构形貌等随之不同。其中筛析后比成品粒度大的粒料，就是粗粒。若它的占比小，则成品率和细粉率会高。

因此，要成品率高，必须使粗粒率和细粉率都低。此两率的高低取决于物性，与物性均成非线性关系；而粒度调控又相互干涉，显示不平衡态势，需凭操控技术获取成效。

现引用生产实际和理论数据，对颚破机与反击破机的比较作出评论（表 1）。

基于上述比较，得出结论：反击破机成品率＞ 89%，高于颚破机成品率≥ 88%。

（在实际生产中，1个百分点的提高可产生超百万元的经济价值。）

表1　颚破机与反击破机的比较

阶段	指标	颚破机	反击破机
破碎阶段	细粉率	细粉率约5%。细粉来源于料层破碎颗粒互挤和颚板上下交错产生的表面刮研	细粉率约5%。锤刀冲击料面和碎裂中产生细粉
	成品率	成品率很小	成品率约30%
粉碎阶段	细粉率	细粉率＜10%。细粉来源于碎料，粗粒量大、硬，强化程度低，易于破碎。碎裂细粉多。片针形颗粒易碎成细粉	细粉率5%～10%。碎料细粒（粒径＜10mm）量多，强化程度高，较硬。碎裂细粉量少。多棱体颗粒不易碎成细粉
	成品率	成品率≥88%。碎料易碎，受细粉率限制，粉碎参数较缓和。同时，细粉未筛去，对粉碎起缓冲下降作用	成品率＞89%。料较硬，颗粒小，受细粉率限制较小。同时，细粉已筛去，没缓冲降效粉碎的影响

5. 优化提高产能和成品率的基础

（1）产量计算

1）用细碎料提高产量

内蒙古某公司采用粒径从30mm减小至25mm的颚破碎料，制粉机增产0.7t/h。各实例都证实：进细碎料能多得成品粉。那么，采用粒径＜10mm的反击破碎料，制粉机应增产2.8t/h。四川某公司用反击破碎料，使CXL1300型冲旋制粉机增产了1.5t/h，所以，可以认为若采用粒径＜10mm的反击破碎料，增产1.5～2.8t/h。取增产2t/h，如原产量为4.5t/h，则现产量可达到6.5t/h。

2）用反击破碎料的成品粉含量提高产量

从宁夏某公司和四川某公司的反击破试验数据得，反击破碎料的成品粉含量分别为38%和30%～40%。取35%，如按加料量8t/h计算，则成品粉量为2.8t/h。取成品粉量2.5t/h，反击破机和冲旋制粉机两者产量之和为6.5t/h+2.5t/h=9t/h，增产9t/h–4.5t/h=4.5t/h。

（2）成品率计算

已论证反击破成品率（＞89%）高于颚破成品率（≥88%）。

生产上若想达高产、高品质和高成品率，尚需筛分技术（工艺和设备）的支持。尤其是多晶硅粉，对细粉率有较高的要求，需要认真总结研究相关经验。详见专题论述《硅粉筛分"细"功夫的锤炼》。

6. 关于反击破与锤破的效用对比（关于两机选用的评价）

反击破机与锤破机原先的结构、性能区别较大。经数十年的应用和发展，锤破机经历多项改进，在提升"细"功夫上效果明显，用于硅制粉时，比颚破机稍胜一筹，但是，同反击破机相比，差距仍明显（如"细"功夫）。根本原因在于破碎能量的利用方式不同。具体比较于下。

（1）产能方面

锤破碎料中粗粒多，成品率较反击破小，其中片针形颗粒偏多（图1），易增加粉碎的细粉量和降低产量。锤破破碎能量的利用率较低，能量只渗透至物料表层。

图1　锤破碎料外形照片
（粒径＞20mm 粉占 40%，−20 目粉占 6%）

（2）质量方面

1）片针形颗粒产生片针形成品粉，比表面积小，活性低。

2）片针形颗粒产生微细粉多，细粉率增大，成品率降低。

3）反击破提供碎料系多棱体颗粒，性能较佳，活性强，细粉率低，成品率高。

锤破机拥有自己的特点。如破碎硬块料时，安全性强，破碎效果很好。又如，其机器上不带篦子板，产能较高。只是在硅制粉的特殊条件下，其略显弱势。

7. 锤炼"细"功夫，优化制粉技术，争取高新指标

以反击破替代颚破，预计成效可观。技术重心就在"细"化上，破碎得"细"碎料，既有成品，又有"细"料供粉碎。而"细"碎料为粉碎增产，效用均来自"细"化。但细化有一定的程度，不是细化量愈大愈好，粒度愈小愈好。细化拥有自己的演化范围，受诸多条件制约，如图2、图3所示。所谓锤炼"细"功夫，就在于掌握这些制约因素和调控参数。

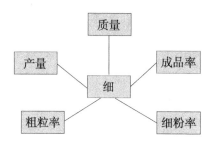

图 2 "细"化的制约因素

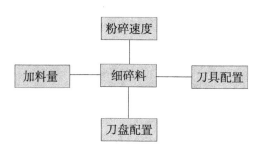

图 3 粉碎"细"化的调控参数

为获取最佳细化碎料,反击破时要考虑图 2 所示的 5 个方面。为获取最佳制粉指标,冲旋粉碎利用碎料时也要顾及图 2 的 5 个方面。所以,需要从理论、实践多方考虑 5 个因素的制约。

粉碎阶段利用"细"化碎料,在考虑到各项制约因素后,需按图 3 所示参数实施有效调控,基于现有技术,结合理论探讨,解决问题。优化历程表明,运用"细"化碎料的优化技术还有待于继续深化研究和实践。

努力吧,让锤炼"细"化及一切有用的真功夫发挥更大效用!

让实践来验证吧!

硅粉筛分"细"功夫的锤炼

——创新优化技术的探索求证历程（之二）

筛网粗细网的合理选用和顺序排列，看似简单，实则颇费心机，往往得经过反复考核。笔者经多方请教，结合自己体会，撰写本文，供参考。

某硅业公司配置冲旋制粉生产线：XSJ800×400型反击破机（代替原颚破机）CXL1300型冲旋制粉生产机，配置1836型叠筛。生产的多晶硅粉，粒径20～150目，+20目粉占比＜1%；–150目粉占比＜5%；成品率从86%提高到88%；产能由2t/h增至4t/h。

1. 破碎段

反击破速度600～800r/min。参照相应的实测数据[1]，得碎料粒度组成：5mm～25目碎料占比60%；25～40目碎料占比20%；40～150目碎料占比15%；–150目碎料占比＜5%。

提供成品率35%、细粉率4%的原料，可得成品产能1.5t/h。

2. 粉碎段

CXL1300型冲旋制粉机按常规调控，参考实测数据[1]，得统料粒度组成（表1）。

表1 统料粒度组成

粒度/目	+20	20～30	30～40	40～80	80～120	120～150	–150
实际占比/%	87	6.5	2.3	2.6	0.7	0.1	0.8
设想占比/%	40	35	25	20	16	4	2
设想指标统计	粗粒率40%	准成品率96%					准细粉率4%

粉碎段原产能2t/h，产能增加1.5t/h～2.8t/h[1]。若产能增加取1.5t/h，则现产能为2t/h+1.5t/h=3.5t/h。破碎段和粉碎段两段合并产能达到1.5t/h+3.5t/h=5t/h，准成品率96%。经筛分，取筛分率85%，得作业线产能5t/h×85%=4.5t/h。考虑到生产实际条件，保证产能可达4t/h。其中，保证筛分率85%实属关键。

4t/h产能的作业线上物料循环量达到8～10t/h。准成品率、准细粉率均会有变化，但是，不会向下变化很大。细粉不仅要打得出来，还要能被高效地筛出来！

3. 筛分段

筛分注重两个指标：筛分率和筛分生产率。当前要求筛分率最高，筛分生产率最佳，并以增产提高成品率，力争成品率达到 ≥ 88%，产能增至 ≥ 4t/h。

筛分率的影响因素较多，包括硅粉的物性、筛分手段和操作技术。

反击破后，硅颗粒由粗变细了，形貌呈立方体形，有利于筛分。筛机面积增大，机内运行物料增多；调控手段和操作技术随生产改进。综合各方状况，发现问题的焦点应在筛网配置上。

针对物料的粒度组成配置筛网，保证最高筛分率，具体设想如下。

按优化后工艺筛分顺序的不同，有两种筛分方式：破碎料和粉碎料分开式、破碎料和粉碎料混合式。它们的运行料量基本相等。

（1）破碎料和粉碎料分开式

筛网配置见表 2。

表 2　筛网配置

破碎料筛网配置	10 目	20 目	40 目	80 目	120 目	五层
粉碎料筛网配置	10 目	20 目	40 目	80 目	120 目	五层

（2）破碎料和粉碎料混合式

采用同破碎料和粉碎料分开式一样的筛网配置（筛网配置的根据分述于后。）。

4. 筛网配置设计

（1）筛网上料层厚度的估算

运行料量约 10t/h，筛上全筛程约需 1min，则在筛上总料量为：（10t/h × 10^3kg/min）/60min=167kg ≈ 150kg。

其中，120 目筛网上料量为：150kg × 16%=24kg。

叠筛有两个筛子、两张 120 目筛网。

每张筛网上料量为 12kg，则筛网上平均分布料量为：（12 × 10^3g）/（180cm × 360cm）= 0.2g/cm^2。

120 目粉堆密度为 1.2g/cm^3，则筛网上料层厚度为：（0.2g/cm^2）/（1.2g/cm^3）= 0.166cm ≈ 1.60mm，即为很薄一层。

120 目筛网上包括 −80 目粉。这个层厚应该拥有良好的透过率。

（2）网目孔径的选择

根据网目孔径 D 和物料粒度 d 的透筛关系：

$d < 0.8D$ 时，易筛粒；$d=（0.8 \sim 1.0）D$ 时，难筛粒；$d=（1.0 \sim 1.5）D$ 时，阻塞粒。

（3）细网目配置原则

1）细网目配置原则

细网目配置原则如下。

①保证筛分效率。②料层厚度 < 2mm。③降低细粉随粗粒被带走的概率。

a）筛分效率满足透筛率和留下细粉率（表3）。

表3　筛分效果

D	d	d/D	透筛率 /%	留下细粉率 /%
120 目（0.120mm）	150 目（0.1mm）	0.83	95	5
130 目（0.114mm）	150 目（0.1mm）	0.88	65	35
140 目（0.107mm）	150 目（0.1mm）	0.93	35	65
150 目（0.100mm）	150 目（0.1mm）	1.00	5	95

根据产品粒度组成的允许细粉率，确定网目。

b）料层厚度 < 1.6mm，使细粉顺利透过料层、透过网孔，使网的负荷小、使用寿命长。

c）料层薄，粉粒受压力小，相互的黏附力轻，细粉随粗粒被带走的量小，筛分效率高。

2）粗网目配置原则

粗网目配置原则如下。

每层网的负荷不宜过大，可分设数层。

最后一道粗网，按粒度给定要求，选定网目。

5. 结论

根据单颗粒和料层破碎各自的优势，实施硅制粉的优化，以"细"化为特点，拟定相应的技术方案（参见本书《硅制粉"细"功夫的锤炼》），从破碎到粉碎、筛分等工序进行了虚拟实践。前两道工序已记述于本书《硅制粉"细"功夫的锤炼》；本文详细地分析筛分工序，为后续优化的实施指路。

优化结果：产能 4t/h，成品率 ≥ 88%。依据是准细粉率 < 8%，再加布袋器细粉率 3%。

"细"化优化使本工艺达到高质效的生产水平，符合国家经济发展的要求，经生产实际验证以后，将是硅粉生产上的一次重大突破。冲旋制粉技术经多年发展，已相当成熟。对久未变动的破碎工序只做"细"处理，就引发生产指标突破性提升。这完全符合技术发展的历史规律。

某公司硅制粉生产线技改方案

某公司使用 CXD880 型对撞冲旋制粉生产线 5 年多，取得傲人的成绩。随着生产技术发展，有必要在此基础上做技术改造，目标是：争取每条生产线产能达到 5t/h，并保持粉体可调粒度和化学反应活性（粉的质量），且具有更好的应变韧性。

措施是：①采用反击破代替颚破，将碎料细化，包含 1.5t/h 成品粉。②增强制粉机能力，进一步提高粉碎能力，产能达到 > 3.5t/h。③适当改变工艺方式，选用叠筛代替原筛等，发挥①②项措施的效能。技改的核心就在此，增产提质就此一举。

技术思维：①充分发挥硅变形的天然本性，协调破碎和粉碎关系。②基于硅的颗粒特性，协调筛分与粉碎关系。③充分重视现实条件，因地制宜，采取措施。

为实现上述技改任务，按各项要求，将具体内容详述于下。

1. 颚破机（PE 型）改成反击破机（PF 型 /XSJ 型）

两机型的破碎方式各异。颚破用料层破碎，反击破则为单颗粒破碎，产品性能不同。颚破的粉大多粒径 < 30mm，粗细较均匀。反击破则粒径 > 20mm 粉占 5%，粒径 5 ～ 20mm 粉占 10%，粒径 0.3 ～ 5mm 粉占 50%，粒径 0.075 ～ 0.3mm 粉占 30%，粒径 < 0.075mm 粉占 5%。反击破碎料更适合提升制粉机产能，更有先提取部分成品的可能。2 种粉碎工艺流程详见图 1。此项措施正是提产的主要手段，利用硅强度低、硬度高的性质，以及易破难磨的加工特点，发挥硅本性，多产优质成品。

2. 冲旋制粉机（CXD880 型）改进

1）转子刀盘组合。大、小刀盘直径原为 880mm、600mm。若硅粒加工硬化程度加剧，有必要增大小刀盘直径，大、小刀盘直径成为 880mm、700mm，粉碎速度则同比增大。

2）提高转子转速 1.2 倍，一是为了保证两转子有 > 5Hz 的差，二是为了适应碎料加工硬化程度的增高。CXD880 对撞冲旋制粉机的粉碎速度与 CXL1300 型冲旋制粉机转子转速 1200r/min 时的粉碎速度（84m/s）相近，但调控范围更宽。

3）采用雨淋式给料装置。充分利用单颗粒破碎效用，改善进料落入刀盘的状态，要像雨滴一般，单粒按顺序进入刀片空间受击，充分发挥粉碎力能的作用，使一次性成品率从 30% ～ 40% 提高至 50% ～ 60%。

3. 筛机

原用 1836 型摇摆筛系单体机型。为适应充分发挥上述反击破和制粉机性能，采用 1836 型叠筛。它具有近成倍的筛分能力和较好的筛分率。

叠筛在各行业应用广泛，效果不错。

4. 工艺流程的配置

综合各方技术进展和理论探究，在现有基础上提出技改工艺流程的两种方式（图 1）。

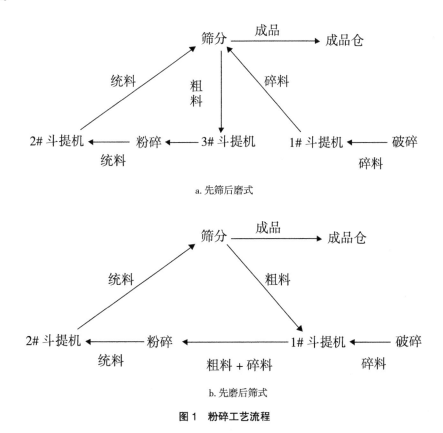

a. 先筛后磨式

b. 先磨后筛式

图 1 粉碎工艺流程

5. 工艺流程的设备布置

（1）先筛后磨式（图 1a）的设备配置

改用反击破后，产能提高，筛分能力相应增大，并有较大的潜力，更有利于破碎和粉碎。所以，需要将 1836 型摇摆筛改用双筛，成 1836 型叠筛，能力提高，产能近翻一番。

1）设备配置

在现有设备条件和技改要求下，拟采用 2 条变动措施（参照图 2）：①筛分轴线不动，将 1836 型单筛改成 1836 型叠筛，平面尺寸不变，高度增加约 1.2m。加料口抬高，出料口照旧。②给料轴线移至粉碎轴线和筛分轴线之间。其组成为：原料仓、新反击破机、原振动给料机、3# 斗提机和管道（新增）。③除 2# 斗提机升高 1.2m 和相应连接件变动外，其他不变。

2）增添设备投资

反击破机 5 万元，斗提机 8 万元，叠筛 17 万元，合计 30 万元。

3）技改效果

产能提高至 5t/h，此方式潜力较先磨后筛式（图 1b）大。

（2）先磨后筛式（图 1b）的设备配置

1）设备配置

此方式的流程同原流程的差异只在以反击破代替原颚破，前、后进、出料连接相应改动，其余不变。该方式主要技改指标改善较小，仅在制粉机进料细化后；产能有提高，大概能提产至 4t/h。与先筛后磨式（图 1a）相比，此方式潜力不大。

2）更新设备投资

反击破机 5 万元。

6. 物料平衡验证

（1）先筛后磨式

设产能 5t/h，筛机过料量 15t/h，筛分率 30%，制粉机一次成品率 > 30%。

（2）先磨后筛式

产量低些，制粉机过料量稍大，筛机过料量不大。

7. 技改方案待解决问题

1）筛机技改量较大，投资也大些。

2）氮气量增大，因为粉量增加。

3）采用先筛后磨式，在筛机和料仓间插入 3# 斗提机，需查验实地空间条件，予以验证。将料仓移动 1m，查验可行性。

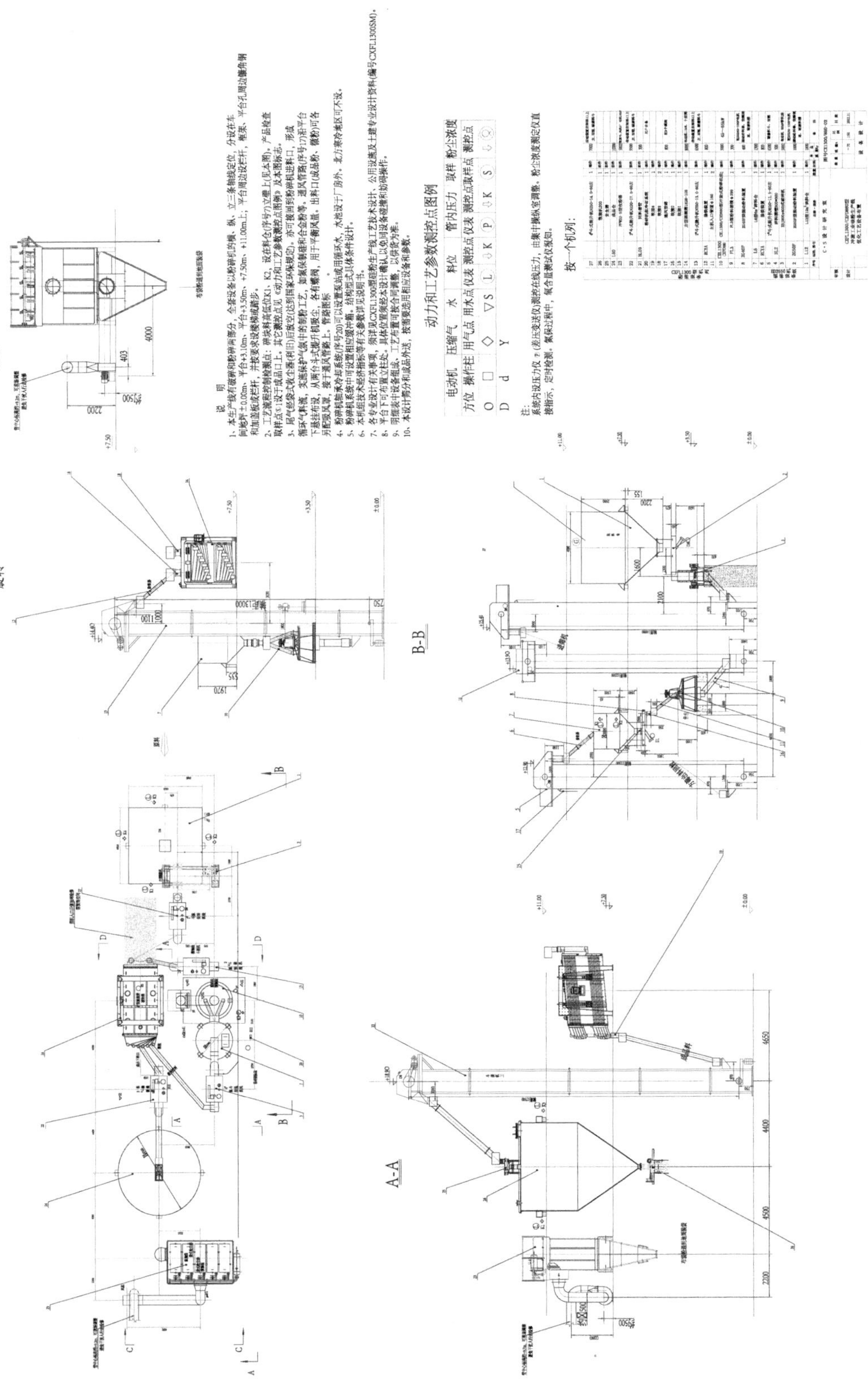

图 2　粉碎工艺流程方式设备配置示例照片

C—C 旋转

D—D 旋转

B—B

A—A

说明:
1. 本生产线中所有窗料和胶料粉为墨分，全套设备以粉碎研机为核心，另一条物料定位，分设各车间加热及投送样机。平台+0.00m，平台+3.10m，+7.50m，+11.00m，平台周边增设栏杆和加加料投送样杆。并要求采取降噪措施。
2. 工艺源程控制要点：拌墨料再应放入 K1，K2，设置各仓仿序仿置上爬入爬太阳，产品检查取样点以设于成品出口，其它测控点见《动力和工艺参数测控点图例》及本图标志。
3. 层气体感染大器器件旧后放收达到国家环保规定，赤可按回物料粉碎机送样后，要求环境气源除，实现高性子集中控制整工艺，加装保障各仿合序检序号仿置序号仿放置平台下段任布合，实现各半子集中控制。各种仿置，用于高端风量，出料口成品量、粉筛的河各别需环风量，接于通风系统上。
4. 粉碎机集系外集系列仿序号?可设置多仿置实现组用量供不求，水仿设定于厂房内、北方寒冷地区采用不放。
5. 粉碎机系列中可设置指定管件冲管，结构形式以供冲设计。
6. 各专业设计仿不要求，狗样武口CXFL1300型墨体件为生产用工艺技术设计。公用设施及工上建含设容设中的样件并标标准设计参数，各本用具体条件设计。
7. 本生产线在不下冲逗立比仿，结构冲墨供按设计件机，以此仿设备各规墨和匹相标准仿件。平台件子落低，工艺管逗程合合设置。以供仿方案。
8. 本设计粉仿和成品仿性，按需要选用相对仿设备类型。

动力和工艺参数测控点图例
电动机　压缩气　水　　料位　管内压力　取样　粉尘浓度
方位　操作柱　用水点　用水点仪表　测控点采样点　测尘点
⊙　□　◇　▽　L　◇　K　P　　S　　◎
D　　d　　Y

注：
系统内设施方式及X（表示安定仪测控在线压力，由墨中墨仪管调整。由实存墨仪墨图测定仪置
接指示、定时检测。氨氯动冲料外、氨合墨测仪置实置
按一个机列：

（表格）

4）设置相应的取样点。取粉样分析是生产调控中必不可少的措施。要提高产品质量和数量，一定要知道工艺过程中的物料粒度、演变状态。取样分析是过程调控、优化的"眼睛"。操作也需要技改，也得各方配合。

8. 应用实例

[实例1] 原料块（块径约100mm）经PE150×250型与PE250×400型颚破机破碎，产品为60～200目有机硅用粉。以+60目粉占比＜1%、–200目粉占比＜10%提供碎料，经CXL1300型冲旋制粉机产出合格粉，产量分别为3.5t/h和3t/h，说明PE150×250型颚破机性能优于PE250×400型。这反映了碎料粗细的作用。

[实例2] 原料块（块径约100mm）经PF1007型反击破机破碎，再经CXL1300型冲旋制粉机，产品为合格的16～120目多晶硅用粉。产量从原4t/h提高至5～6t/h。4t/h是用PE250×400型颚破机的产量。

开始用反击破破碎硅块，可得到粒度更好的碎料供冲旋粉碎。该技术已在一些厂里展开，效益明显增加。

9. 结束语

经多年生产实践和理论研究，硅制粉技术同众多技术一样，在高速发展进步，各条生产线都在改进。在有机硅粉的对撞制粉技术方面，由于硅硬度强，以磨粉生产–200目（中径）细粉的产量不大。但是，从有机硅生产角度看，细粉较好。国外认为中径20μm的粉最佳，不过生产费用太贵。所以，国内主张用较粗的细粉，中径50～60μm更合适。生产实践证明确实如此。于是，大家纷纷向制备中径50μm粉努力，但现有的制粉工艺和设备性能跟不上，主要是产能上不去。要改变现状，最佳方法是技改，使产能有较大提高。所以，我主张采用上述先筛后磨式流程作为技改的主要着力点。

冲旋制粉机加（进）料技术的研究

经过实践，制粉机加（进）料逐渐显示对制粉的影响，甚至会引发对制粉机转子平衡的影响。有必要提出对加（进）料的技术要求：均匀性、离散性和平稳性。

①均匀性。即加料的时空特性，要求在各粉碎空间、各时段加料量均匀。

②离散性。物料呈散料状运行，使粉碎刀具作用到每个颗粒，发挥最佳粉碎效应。

③平稳性。粉碎引发的力作用于转子，导致转子动态变化，所以加（进）料必须稳定。这是转子平稳运行的重要因素。

1. 加（进）料方式

按照上述三项要求，立式粉碎加料方式有下列 3 种。

1）中心加料式。从立式转子轴中心通道加料，沿着刀盘散开，被甩向四边而粉碎。

2）中轴撒料盘式。立式转子刀盘上加撒料盘，转动中离心甩料。

3）周边加料式。立式转子上沿刀盘周边进料，均匀加料。

对上述三种方式分别评述于下。

1）中心加料式。能满足粉碎动态力学要求，机械设计合理，产品质量和产量均达到一定水平，并且易于调控，用于大制粉机上居多。

2）中轴撒料盘式。在满足粉碎动态力学要求上较欠缺，难达到全盘均匀布料，结构简单、可靠。

3）周边加料式。沿着小刀盘圆周常布置双料口加料，加料比较稳定。而若采用多料口加料，容易造成加料不均匀，所以很少用。周边加料式详述于下。

2. 周边加料式的分析与实用

制粉机内转子上配设大、小刀盘（图 1），装 6 或 8 把刀片。

对碎块进行粉碎。不妨以 3 个加料口下料为例。刀片迎击进料，产生粉碎反作用力（P_1、P_2、P_3）和引发转矩（M_1、M_2、M_3）（图 2、图 3），作用于转子轴。经动力学分析，ΣP 产生对轴作用合力和 ΣM 作用合转矩。ΣP 会引起偏心力，继而使轴振动。所以，要控制 ΣP，其若超过一定值，将使整台制粉机失衡。3 个加料口处小刀盘上形成的粉碎反作用力 P_1、P_2、P_3 按加料口位置相互配置，其中任何两力夹角 < 120°，则合力将大

于其中任一个力。所以，要求加料口夹角一定要 120°。可是，在制粉机上很难达到此要求。ΣP 容易增大，直至与之前相差 20%，引起振动。举一实例，CXL1300 型冲旋制粉机为增产而改用 3 个加料口，先沿直径对称设置 2 个，其间 90° 处再加 1 个（图 4）。对称的 2 个加料口的粉碎力平衡，单独的 1 个加料口就引起偏心力。加料量按 0.4、0.4、0.2 的占比分配，单独的 1 个加料口的加料量多 20%，引起的振动值达到临界值。另举一实例，将加料量平均分配，则偏心力达到 30% 以上，立即引起振动超标，使制粉机电动机电流波动达 20A，无法正常工作。多料口加料易引发振动，不宜采用。要解决问题还得用双料口加料，并要求加料量差不得超过产能的 20%，此中原理详见本书《制粉机转子失衡的动力学研究和应用》。再采用飞瀑雨淋式布料技术（详见本书《飞瀑雨淋式布料》），提高产能，稳妥可靠。

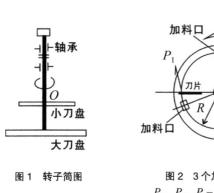

图 1　转子简图

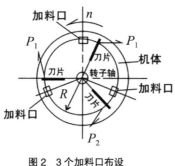

图 2　3 个加料口布设
P_1、P_2、P_3- 粉碎反作用力（作用于刀片上）

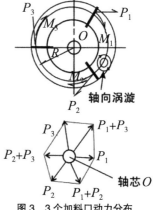

图 3　3 个加料口动力分布
P_1、P_2、P_3- 粉碎反作用力；M_1、M_2、M_3- 转矩（作用于转子上）

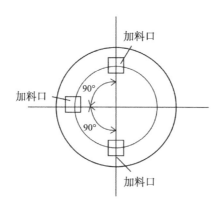

图 4　3 个加料口不恰当的布设

顺便提出一现象供大家注意：在粉碎的同时，制粉机刀盘上的刀片间产生轴向涡流（图 3）[1]。其在刀片击料面方向，同物料运行方向相反，产生负面作用，阻碍刀片发挥粉碎效果。3 个加料口造成涡流影响不对称，则使运行更不稳定。

参考文献

[1] 窦以松，何希杰，王壮利，等 . 渣浆泵理论与设计 . 北京：中国水利水电出版社，2010：109–112.

飞瀑雨淋式布料

布料是粉体生产流程中的一个环节。它的运行方式，尤其在制粉机、筛机、分选机等加料口，对生产效果具有较大影响，必须认真对待。经多年研究，笔者拟定了布料技术的目的和要求，布料器（机）的结构、性能、效用，并总结了一整套设计使用经验，现将其分述于下。

1. 布料的技术要求

以制粉机加料布料为例，分述其技术要求。①加料量：可调。②布料密集度：可调。③料流形貌：单颗粒，连续成流。④料流应有一定的速度。根据上述4条，布料的形态可以飞瀑雨淋形象比拟（图1）：布料应是一股定形料流，具有一定的速度，似飞瀑；形态应成滴，如下大雨一样淋下来。于是，碎料就能进入粉碎刀盘上的刀片间，承受急速转动的刀片的冲击而被粉碎。一次就可冲击到每颗碎料，使其粉碎，生产效果大幅度提高。

图1　飞瀑雨淋状下落形象图

为满足上述要求，布料器应具有下述功能。

1）碎料进制粉机刀盘时应有一定的速度（7～8m/s）。

2）碎料在下落过程中经碰撞而散开，呈飞瀑状（图1）。碰撞可利用管壁凸台、反弹、转弯、料分层、颗粒互击实现，循着加料口空间均匀落料。

3）碎料下落后进入刀片间，然后受刀片冲击，避免碎料只在刀外缘处被劈飞，未能被粉碎。

4）效果体现在粉碎一次成品率，估计要比集聚式布料高至少10%。

2. 雨淋式布料的机理 [1]

碎料沿着溜槽下滑，呈密切接触的颗粒流，大颗粒上附着许多小颗粒。物料经出料口进入粉碎腔，呈比较密集的料流，不利于刀片粉碎，碎化的能量不能有效传到每一颗粒上。如果让碎料流之前就呈分散状态，像下雨时雨滴流一样，刀片冲击时，能触及每颗分散的颗粒，将冲击能量输进各颗粒，粉碎效果当然较好。在溜槽上分设相应弯道和小凸台，使料流转弯后碰撞和反弹后互击，从而散开飞落而下。散料本身就具有自组织占空间的特性。碎料就像雨一样均匀地进入粉碎区。飞瀑雨淋式布料的效果当然比密集流式布料好。

3. 雨淋式布料器的结构

为达到物料颗粒互击、分散淋落，在下料管进制粉机入口处设一小转角，使下流物料颗粒都获得跳跃和转向的机会，互碰互击后散淋状进入刀盘刀片冲击区。

对撞机 2 个转子相向运转，所以，加料口中心位置各有偏移，并决定转子旋转方向，避免互相错位。

由此确定对撞冲旋制粉机 BL4 型雨淋式布料器的结构。该布料器在对撞机上使用多年，与对撞机配合使用，产量高。

参考文献

[1] 常森 . 冲旋制粉技术的理念实践 . 杭州 : 浙江大学出版社，2021.

微碳铬铁制粉技术的试验研究报告

微碳铬铁作为一种合金，应用面广，尤其是作为合金剂时极为重要，其粉料是冶金、焊接、磨料等有关行业的重要材料。制粉方法颇多，目前已有几家公司运用冲旋制粉技术。为进一步提高生产技术水平，有必要开展冲旋制粉技术试验研究。

1. 冲旋式制取微碳铬铁粉的实地试验研究

原料：微碳铬铁块，系某公司生产的真空固态脱碳产品——真空脱碳微碳铬铁烧结块（块径＜100mm），见图1。

图1　微碳铬铁真空固体脱碳真空烧结块

产品：粉体，粒径 80 ～ 260 目。

性能：为制粉，必须掌握加工料的性能，清楚其结构。为制取细粉，则先要了解其微观晶体结构，剖析其解理面，再针对其性能特点，确定制粉技术工艺和设备。

铬铁合金系固溶体，具有体心立方晶格，含解理晶面族，宜用冲旋法制取细粉。

铬铁烧结块整体抗压强度高（4600kg/cm²），表面莫氏硬度 8～9，韧度好。

加工工艺：颚破机粗破——→反击破细破——→冲旋粉碎——→成品。

物料抗压强度高且硬，宜用颚破实施单颗粒破碎和之后的料层破碎。物料韧性高，适用反击破实施单颗粒破碎。

最终制取细粉，则用冲旋粉碎的单颗粒粉碎方式，配置相应的雨淋式给料、刀片布设、大小软硬颗粒对撞等辅助措施。

与上述工艺相近的是石英制粉。石英的抗压强度 3500kg/cm²，莫氏硬度 8，同微碳铬铁烧结料相近，适用冲旋法。

微碳铬铁由于硬而韧，是铬铁合金（包括高、中、低碳）中最难粉碎者。所以，合理的制粉生产中，单机产能宜＜ 1t/h。

2. 试验结果

按前述工艺流程序列，进行从块到粉的破／粉碎试验（产品详见图 2～图 4），最后由冲旋制粉机制得产品。其粒度组成为：+40 目粉占 20%，40～60 目粉占 20%，60～80 目粉占 10%，–80 目粉占 50%。

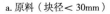
a. 原料（块径＜ 30mm）　　　　　　　b. 颚式破碎机

图 2　颚破

a. 原料（块径＜ 10mm）   b. 反击破碎机

图 3　反击破

a. ZYF430 型冲旋制粉机

b. ZYF600 型冲旋制粉机

c. 一次性粉碎得到的产品（粒径＜ 0.4mm）

图 4　冲旋制粉

批量生产后，粒度会稍大，生产过程中一次性粉碎成品率会下降至 40% ～ 45%。生产总成品率尚待正式生产证实，因有无法细碎的"头粉"。此中决定因素是原料的杂质含量和性能。预计可制得粒径 80 ～ 260 目粉，成品率＞ 90%；若 -260 目粉可用，则成品率会更高。

3. 生产设备的配置

按所述工艺流程，按产能增高的顺序，依次采用 ZYF430 型冲旋制粉机、ZYF600 型冲旋制粉机、CXD880 型对撞冲旋制粉机（图 5），分直线式布置和方块式布置（详见《冲旋制粉技术的理念实践》）。目前已有上百条生产线，用于硅粉、铁粉、石灰石脱硫粉等的粉碎。

图 5　CXD880 型对撞冲旋制粉机

4. 结论

1）冲旋制粉技术能满足微碳铬铁粉的生产要求。

2）用于高、中、低碳铬铁制粉时，本工艺效果佳。根据是：微碳铬铁是铬铁中最难粉碎者，并已经实践和理论所证实。

冲旋制粉机整体动力学分析研究

——兼证设备基础载荷的确定

冲旋制粉机在运行过程中，呈现多方面的动力学现象，通过机内机件的交互作用完成既定的生产任务，同时对周边环境和实物，如对设备基础、环境温度、噪声、安全等施加相应作用。若引起不良响应，将影响设备的正常运行，严重时会被迫停机，甚至酿成事故。本文将对设备整体动力性能做相应的分析研究。

基础是设备的根基。若基础不相配，设备难以正常运行。尤其在当前，制粉机多设于楼房，振动会引起隐患，应高度重视。必须从设备整体动力学分析研究获取正确的力能参数，充实基础设计资料。现以常用的 CXL1300 型冲旋制粉机为例，阐述如下。

笔者运用动力学的分析方法，对长期生产中积累的经验、数据和相应的理论探索研究结果，尤其是设备运行中自然出现的一些临界状态，进行深入把控和动力学分析，并基于此总结得下述《CXL1300 型冲旋制粉机整体动力学分析和基础载荷》（图 1），供建筑专业人员参考。

根据设备的基础要求，按顺序将从竖向和水平向静动载（扰力）到各向转矩（扰力矩）等施加于基础的载荷分析于下（详见图 1），并分别对其各自性状予以解释。

1. 竖向静载（扰力）P_3 和竖向动载（扰力）P_2

竖向静载（扰力）P_3 来自制粉机自重和相关件重量。P_3=5t。

竖向动载（扰力）P_2 由机内气料运行产生。P_2=5 ～ 16t，上下交替，频率最高为 10^3 次 /min。

竖向动载（扰力）的产生机理如下。

冲旋制粉机的粉碎作用包含刀片冲击、物料互击、衬板反击。后两项依赖于机内螺旋气流的作用，被转子刀片带动旋转的气体携带物料颗粒实现。所以，有必要对气料在机内的螺旋状运行做相应的动力学研究，着重对其运演态势的分析。

气料运演态势如下。

在文献 [1] 中有相应描述。不妨援引两次试车中的演示，说明螺旋气流的"实力"。2009 年，CXD880 型对撞冲旋制粉机装配后空转试车。采用变频启动，当转速达到 500r/min 时，整台设备缓慢抬空，碎渣、尘土等从机下面冒出；离地 10cm 后又较快落

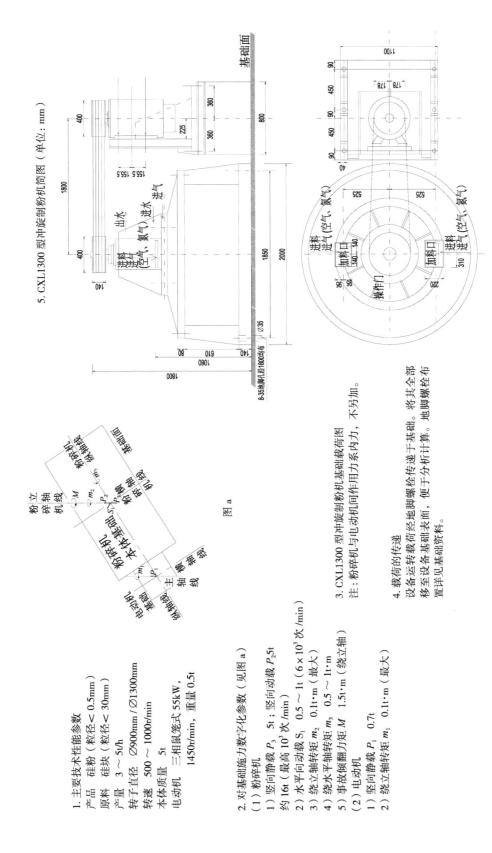

5. CXL1300 型冲旋制粉机筒图（单位：mm）

图 a

1. 主要技术性能参数

产品 硅粉（粒径 < 0.5mm）

原料 硅块（粒径 < 30mm）

产量 3～5t/h

转子首径 ∅900mm/∅1300mm

转速 500～1000r/min

本体质量 5t

电动机 三相鼠笼式 55kW，
1450r/min，重量 0.5t

2. 对基础施力数字化参数（见图 a）

(1) 粉碎机

1) 竖向静载 P_3 5t；竖向动载 P_2 5t
约 16t（最高）

2) 水平向动载 S_1 0.5～1t（6×10³ 次/min）

3) 绕水平轴转矩 m_2 0.1t·m（最大）

4) 绕立轴转矩 m_3 0.5～1t·m

5) 事故倾翻力矩 M 1.5t·m（绕立轴）

(2) 电动机

1) 竖向静载 P_1 0.7t

2) 绕立轴转矩 m_1 0.1t·m（最大）

3. CXL1300 型冲旋制粉机基础载荷图

注：粉碎机与电动机同作用力系内力，不另加。

4. 载荷的传递

设备运转载荷经地脚螺栓传递于基础。将其全部移至设备基础表面，便于分析计算。地脚螺栓布置详见基础资料。

图 1 CXL1300 型冲旋制粉机整体动力学分析和基础载荷

地；过一会儿，又重复升降。该机重 3t，转子重 300kg。2011 年，CXL1500 型冲旋制粉机重 8t，转子直径 1500mm，试车时，出现了同样的状况。两个实例中，同类机型，同样的试车条件，出现同样的情况。其奥秘就在转子功能上。

转子装有 2～3 个刀盘，旋转后就像串联的轴流风机，风压、风量等运行参数均增强。此外，刀盘上刀片呈 45° 向上倾斜，比一般风机叶片的斜角。所以，转子数个刀盘刀片驱动机内气料呈向上螺旋式冲击机盖，带动整机离地腾起。而后，气流从底部空隙泄放，向上的压力降低，机器自然下落。其中，向上作用力应大于机器自身重力，超过 CXD880 型对撞冲旋制粉机的 3t 和 CXL1500 型冲旋制粉机的 8t 产生的重力。此力来源于刀盘旋转产生的推力，力的大小取决于风压和风量，并以风压为主，类似高压轴流风机。根据轴流风机风压取决于风机叶轮转速的平方值（表 1），通过从实测提升力，找到各机于不同工作状态下的螺旋流产生的作用力。它沿着制粉机立轴旋转向上，然后汇聚于中心，向下泄压。

气料流产生竖向力。此种竖向力冲击运行的螺旋气料，引发旋转的向上气流，详见表 1。它驱使制粉机整体呈螺旋趋势上行，提升力在一定范围内波动，按估算，提升力（P）约为该机重力（Q）的 3 倍，即 $P \approx 3Q$，同相应规范中规定的较接近，但是，于冲旋制粉机对地基的作用力，是从实测分析得到的。基于同样的道理，导出制粉机重量、产能和电动机功率等参数，与实践结果完全一致。详见相关章节。

气料流螺旋式运行，系制粉机自然状态。然而，如果机腔里增设凸台，则其阻力足以使气料力增高数倍，竖向动载（扰力）随之变大。这印证了临界现象的存在。

表 1　机内螺旋风的旋升力

机型	转子直径 D/mm	整机重量 Q/t	提升力 P/t		
			500r/min	800r/min	1000r/min
CXL1500 型	1500	8	8	16	25
CXL1300 型	1300	5	5	10	16
CXD880 型	880	3	3	6	10

注：①推算如下：$P = \beta Q (n_1/n_0)^2$（n_0—原转速；n_1—新转速；β—变速系数）。按概率推导：$\beta = 0.75 \sim 0.85$。从试转 500r/min，循着 800r/min、1000r/min 渐增：$P_{800} = (0.75 \sim 0.85) \times 8t \times [(800r/min)/(500r/min)]^2 = 15 \sim 17t$（取 16t）；$P_{1000} = (0.75 \sim 0.85) \times 8t \times [(1000r/min)/(500r/min)]^2 = 24 \sim 27t$（取 25t）。

②未曾制造过机腔内有凸台的，故竖向动载（扰力）无数据。

2. 水平向动载（扰力）S_1 产生机理

基础载荷给定水平向动载（扰力）S_1 0.5 ～ 1t，变动频率 6×10^3 次 /min。加料不均匀和转子偏心引发水平向动载（扰力）。主电动机功率 55kW，转矩 36kg·m，作用在 $\varnothing$ 400mm 皮带轮上，再传到转子上，设 $\varnothing$ 880mm、$\varnothing$ 1300mm 刀盘各一个，力均分。每个刀盘的转矩 36kg·m/2=18kg·m。若小刀盘上有 3 个加料口，每个加料口的转矩取 6kg·m 才能均匀布料。但是，它是没法平衡的。6kg·m 作用在大刀盘外周，作用力 P=6kg·m/0.44m=14kg，系不平衡力；作用在小刀盘轴承上，同大刀盘轴承中心相距 L=300mm，产生力矩 M_1=PL=14kg×0.3m=4kg·m，引起转子重心位移 e=4kg·m/500kg=8mm，使转子产生 8mm 偏心。转子转速通常为 10^3 r/min，由此产生离力心 $Q=me\omega^2$=500kg × 8mm × $[(1000r/min × 2\pi) / (60s/min)]^2$ ≈ 4×10^4N（相当于 4×10^3 kg 产生的力）。实际上，对于轴承，不允许有 8mm 偏心，若其偏转 0.5°，则 e ≈ 2mm，离心力 Q ≈ 10^3 kg，Q 使转子偏心 2mm 旋转，呈间断性 > 1t 的侧向拉力，使转子轴承在 0 ～ 2mm 摆动，而且，随着加料量的波动，Q 跟着变。Q 作用于地基上，即为稍有摆动的水平离心力（> 1t），其负面影响不可小觑。而且当不均匀加料程度加剧时，必将振动超标。为此，主电动机经皮带轮作用于转子轴承，引发的水平力和倾翻力矩也是根源之一。倾翻力矩 80kg·m × 3=240kg·m。

本来转子接料、碎料各向平衡，处于平稳高速旋转状态。然而，某一处加料不均，产生不平衡力。虽然力不大，但是在高转速运行状态下，其破坏作用不可低估，使转子呈高速偏心振动运动，更因机内反馈网联特性，引发逐步趋大的水平离心力。所以，还须按受力不平衡考虑，尤其要考虑地基受水平向动载（扰力）的影响。

关于粉碎转子的临界性，需解释于下。

转子高速旋转时允许有一定的振动，但整个发展过程从相对平稳向不平稳转化。转子由自身运行和各部件的相互作用引发的变化，如振动、轴承温度高、刀具磨损等，互为因果关系，总是趋向于损伤和失效，从渐变向突变有机过渡。这可称为转子的临界性，有助于我们研究实际问题。

应认识和掌握转子临界性，控制临界态，防止突变损坏。可以利用机上带的测振仪和轴承温度仪，实时观测数据，避免加料不均、气料流阻力过大、轴承温升超标等工艺失误。

3. 绕立轴转矩（扰力矩）m_2

绕立轴转矩（扰力矩）m_2 由主电动机（功率 55kW）粉碎物料，达到最大超载时产生，约 0.1t·m（最大值）。

4. 绕水平轴转矩（扰力矩）m_3

绕水平轴转矩（扰力矩）m_3 由主电动机作用于皮带轮轴上和水平向动载 S_1 引发，作用于地基。因作用高度约为 1m，所以，$m_3=0.5 \sim 1$t·m，受 S_1 的影响最大。

5. 事故倾翻力矩 M

若设备失衡，会造成地基受损严重。

例如，2012 年，CXL1500 型冲旋制粉机进硬块后，转子、刀片、衬板被打碎、卡住，引起整机偏移，地脚螺栓变弯，发生事故。

需对其产生的破坏力做计算，为今后设计提供必要数据。当时，地脚移位，一根螺栓 M30 弯曲，制粉机底座对地脚螺栓的作用最初肯定是剪切。剪切力 $P=0.6A$，螺栓横截面积 $A=0.78d^2=0.78 \times 3\text{cm}^2 \approx 7\text{cm}^2$，抗拉强度 $=4000\text{kg/cm}^2$，则 $P=0.6 \times 4 \times 10^3\text{kg/cm}^2 \times 7\text{cm}^2 \approx 17$t。地脚螺栓没被切断，表示作用力 < 17t。可计算作用力 P。地脚螺栓 M30，$\sigma_s \approx 1600\text{kg/cm}^2$，引起变形作用的弯曲力矩 $M=0.1d^3\sigma_s=0.1 \times 3\text{cm}^3 \times 1.6 \times 10^3\text{kg/cm}^2=4.8 \times 10^3\text{kg} \cdot \text{cm}$。此时，作用力 $P=M/L$（L－ 作用点与螺栓根的距离）。L 不可能大，估计 $L \approx 1\text{cm}$，则 $P=4.8 \times 10^3\text{kg}$，即转矩为 4.8t·m，冲击时带动机体（12t）转位。

借 CXL1500 型冲旋制粉机事故数据求 CXL1300 型冲旋制粉机倾翻力矩。

已知 CXL1500 型冲旋制粉机转子重 1500kg，电动机功率 160kW，工况下转子转速 800r/min。

CXL1300 型冲旋制粉机转子重 500kg，电动机功率 55kW，均为 CXL1500 型冲旋制粉机的 1/3。故可以近似地认为，事故中作用于地脚螺栓的水平作用力 $P=1.6$t，以倾翻力矩 $M=PL=1.6\text{t} \times 0.9\text{m}=1.5$t·m 表现。

当然，倾翻力矩也可由理论计算得到。而实际事故时，能明白地产生较确切的数据，可能超出理论数据。

以下进行整体动力学分析。

6. 关于 CXL1300 型冲旋制粉机在楼房上振动的探讨

制粉机额定转速 1450r/min，变频调速，宜用振动速度（单位为 mm/s）评定。振动速度反映设备引起振动的能量，同设备运行转速的平方成正比。所以，随着制粉机转速增高，振动速度跟着成平方关系提升。

例如，某 CXL1300 型冲旋制粉机转子转速 1000r/min，实测振动速度 2mm/s。随着生产的发展，转子转速增大，增速至 1200r/min 和 1400r/min，振动速度分别达到：$[（1200r/min）/（1000r/min）]^2 × 2mm/s=2.8mm/s$、$[（1400r/min）/（1000r/min）]^2 × 2mm/s ≈ 4mm/s$。不过，设备地基能否使振动速度保持 2mm/s，有待实际验证。

此例振动的原因，可能是竖向和水平向动载（扰力）较大。根源在于 3 个加料口和机体内凸台引发超越设备地基能承受的抗力。而实际上，3 个加料口和凸台并无实质性效用。上述探讨是否成立，有待深入考核，此处仅是个人粗浅的分析，最后需经生产实践来判定。

7. 分析研究结果

汇述分析研究，获得结论如下。

1）冲旋制粉机整体力学状态基本明确，将其应用于生产，引导演化过程，沿着优化方向努力，提供必要的技术理论基础。

2）为设备基础载荷资料提供明确的依据。建造生产线，设备基础载荷条件的正确性十分重要。设备与建筑密切相关，但是，专业内容、方法迥异，因此，设备专业人员与建筑专业人员相互交流极为必要。最好是设备专业人员深入了解基础的结构和承载能力，为建筑专业人员出谋划策；而建筑专业人员虚心听取意见，尽可能改进。

3）注重试车、投产和验收各段状况，及时改善制粉机整体运行演化状况，并做好记录，为顺利投产做准备。

参考文献

[1] 常森 . 冲旋制粉技术的理论实践 . 杭州：浙江大学出版社，2021.

制粉机于楼房运行时允许振动值的研讨

制粉机若设于楼房上，需要认真解决振动问题。制粉机装在地坪上时，能很好地工作，保持正常机械状态。制粉机设于楼房上时，要充分发挥楼房结构的刚性、振动等特性，保证设备如在地坪上时的平稳运行态势。但以前生产中对此没有成熟的经验，需要研究制定可行的允许振动值，满足生产实践的新要求。

笔者沿用常规方法，在现有标准基础上，选用适当的数值，增减附加条件，结合制粉的理论和实践，制定相应的允许振动值。研讨如下。

按《建筑工程允许振动标准》（GB 50868—2013）中表 5.5.1、表 5.5.2 取允许振动值：振动位移 0.15 ～ 0.20mm。根据制粉机动力载荷比破碎机、磨机和风机小，当常用转子转速为 800 ～ 1000r/min 时，相当于载荷频率 13 ～ 20Hz，属低频范围。此类低频振动引起的设备损伤，属疲劳损伤。其损伤机理如下。

1. 低频振动及其损伤机理

振动中机件位置周期性改变，产生两项变化：①引起应力、应变的周期性变动，促成疲劳损伤的趋势。如果振动位移在限值之内，且变动频率低，振动速度又在限值内，产生的疲劳强度不足以使机件发生非正常性损坏。②引起机构中运行间隙，如轴承工作间隙、机件配合间隙等的改变，只要位移在限值之内，振动速度也没超限，则属正常。所以，一般标准中对此类振动只有振动位移指标，不着重列出振动速度限值。不过，振动速度过大，即使振动频率很低，也会促使疲劳损伤。振动速度过大带来过量的破坏性能量，所以，也需要确定振动速度的限值。

上述论述得到了 A 和 B 两家硅业公司的生产实践验证。

A 硅业公司 CXL1300 型冲旋制粉机实测振动速度 2.0 ～ 2.4mm/s，设备运行平稳。虽然设在楼房上，但运行时没明显振动。该机用于多晶硅粉生产，转子转速 800r/min。

B 硅业公司 CXD880 型对撞冲旋制粉机设于高架上，转子转速 1000 ～ 1450r/min。振动位移（平均峰值）0.15mm，振动速度（平均峰值）6mm/s。当转速 1000r/min 时，生产尚属正常。而转速 ≥ 1100r/min，振动剧增，无法正常运行。结果表现为：与地坪上同类机相比，轴承寿命短 15%；设计产能提高 15%，但实际没增产。可见，振动速度应低于限值；即使振动位移不大，它也不可超限；转速增高，振动频率加大时，更要控制好。所以，要同时确定允许振动速度值。

2. 振动速度

鉴于上述实况，低频工作状态中的振动速度也应给予一定限度，不应超标。具体数值取 2 ～ 3mm/s，相当于通用机械常用标准值。[1]

3. 楼房基础设计

为保证振动达标，设备基础极为重要。它的承载条件应具详细资料，使基础设计具有原始要求，有针对性措施，以获取高质量结构，满足设备平稳工作的要求。为此，笔者写了《冲旋制粉机整体动力学分析研究》专题论文，提供建筑专业人员参考。

4. 研讨结论

制粉机楼房运行条件下的允许振动值如下。

1）振动位移：0.15 ～ 0.20mm（主要标准）。

2）振动速度：2 ～ 3mm/s（辅助标准）。

为保证设备正常运行，其工作载荷下的振动值应低于上述标准值。具体振动值应按规定认真用合格的振动仪测定。再辅以专业技术人员和操作人员的感官诊断，判断设备的运行态势，保证设备长期安全运行。

上述允许振动值，经实际考验，完全适用。具体内容详见《设于楼房高架位冲旋制粉机允许振动值》和《通频振动烈度的速度标准》（见附录）。

参考文献

[1]　住房和城乡建设部，国家质量监督检验检疫总局 . 建筑工程允许振动标准 [S]. 北京：中国计划出版社，2013.

附　录

附录 1　设于楼房高架位的冲旋制粉机允许振动值

振动位移：0.15 ～ 0.20mm（主要标准）。

振动速度：2 ～ 3mm/s（辅助标准）。

根据：《建筑工程允许振动标准》（GB 50868—2013）5.5、5.8 小节。

说明：用于有机硅制粉，本机转子转速 1450r/min，振动频率 24Hz；用于多晶硅制粉，本机转子转速为 800r/min，振动频率 13Hz。现行标准中只规定允许振动位移。但是，按实际使用时的特殊情况，当设备设于高架或楼房上时，还需考虑振动速度作为辅助标准。

注：①上述标准适用于载荷运行条件，以及竖向和水平向。

②由具有一定设备诊断技术的人员实施测定。

本允许值制定原缘详见《制粉机于楼房运行时允许振动值的研讨》。

附录2

附表1 通频振动烈度的速度标准

振动速度（峰值）	等级	特征
> 15mm/s	十分剧烈	剧烈振动，存在安全隐患 立即进行详细的振动分析，确定原因。过大的振动会造成油膜破坏。考虑关停设备，防止运行中发生事故
8 ~ 15mm/s	剧烈	潜在的破坏性振动 进行详细的振动分析，确定迅速恶化的故障原因。加强振动监测，制订维修计划
5 ~ 8mm/s	比较剧烈	可能有故障 进行详细的振动分析，保持周期性的检查，制订必要的维修计划
3 ~ 5mm/s	一般	小缺陷 保持定期检查，观察振动发展状况
1 ~ 3mm/s	平稳	平衡很好 设备动平衡好、调整准确，例行检查
< 1mm/s	十分平稳	罕见 设备动平衡、调整准确，例行检查

冲旋制粉技术正确运用的对策

冲旋制粉技术自 20 世纪 80 年代开始研发，至今已经历几十年的生产实践，沿着进化 S 形发展曲线，进入新技术阶段，为硅业发展不断地做出贡献。回眸往昔，成效和失误总是相伴的，急需汇集审视，择取经验知识和理论认识，制定对策，为继续前行铺设道路。我们从许多实践事例和困难释解中选取部分内容展叙于后，列题录如下。

1. 提高产品质效的对策

2. 料仓设计和使用

3. 粉碎偏差及对策

4. 溜槽的结构和敷设

5. 除铁器设置

6. 管道敷设

7. 方形摇摆筛的增效对策

8. 圆形摇摆筛的组合和效用

9. 摇摆筛进出料软联接的配置和设计

10. 车间建筑构成的配置

1. 提高产品质效的对策

保证产品（硅粉）质效是制粉的首要任务。其质效达到优异水平，则是制粉技术的标志性成果。为此，需拟定相应措施。经多年生产实践和理论研究，制粉技术已经取得了一定的成效，但也暴露出一些亟待解决的问题，不妨分述于下。

1）坚守硅粉高品质构型要求，确立为合成提供高质效原料的宗旨。合理调整制粉工艺设备，达到最佳组合。

2）坚持向破碎机提供粒径 ≤ 30mm（中径 10 ~ 15mm）的碎块，避免粗块，减少细粉。合理调整刀具与衬板 / 反击板的间隙，获取最佳粒度碎料。

3）制粉机加料应做到对称、均匀，避免集料式加料，力争雨淋式落料，提高接料刀盘的粉碎效能。

4）增强第三个刀盘的粉碎能力。可以采用如下措施：增大第三刀盘直径，衬板部分也随之扩大，使第二个刀盘下料旋进第三刀盘粉碎区。

5）灵活组合各式刀具，发挥各类粉碎功能，获取不同质效。

6）调控速度、速度差、给料量、风量（常态）、各类间隙等粉碎参数，以达到最佳配置。关注以往实践结果，深加分析，总结出新方案。

7）认真掌握筛分技术，包括粗细筛机配置、筛网配置、粒度筛分效果筛析、安全筛设置等。具体实施方法分述于下。

①粗细筛机配置。合理运用方形摇摆筛（粗筛）和圆形摇摆筛，解决有机硅和多晶硅用粉的筛分，保证达到粒度要求。随着技术进步，采用新型叠筛，效果会更好。

②筛网配置。粗细筛网的选用，既要准确，又要保证产量。

③筛析。定时做取样筛析，保证产品粒度和判别筛分效果，及时调控，反馈至制粉机改进参数。

④安全筛设置。筛机内粗网处于最上层，经受物料冲击和磨损，易致破漏，造成产品粗粒超标、变劣，影响生产成果。此外，常有杂物屑误入硅料（如装硅块的吨袋的塑料片、麻绳等），须剔除。因此，必须设置安全筛，消除隐患。而多晶硅制粉有细粉含量要求，圆形摇摆筛的重要性更突出。

⑤筛分机的串联和并联。为叙述方便，拟单立一节于后。

8）取样

取样是制粉生产线上重要的一环。为保证硅粉质量和效益，必须设置不可缺的取样检测三项粒度组成：统料、粗粒（返回再粉碎）、成品和细粉。它们是制粉控制的指示标志。其作用叙述于下。

统料：料来自制粉机，于筛机加料口取样。正确取得试样，列出筛析的粒度组成表。对比用户要求，调整刀具配置，争取筛分后粒度达标和一次成品率最佳，其中粗粒占比＜40%。符合粒度要求的准成品率和准细粉率占比合理。

粗粒：筛析，获得粗略的粒度组成，据此调整粉碎速度和给料速度，以及刀具配置。

成品：判定成品合格程度和需要采取的调节措施，是取样中最重要的一项。细粉量也是成品的一项重要指标，直接影响成品率。

从上可见取样筛析在硅粉生产中的重要性。

2. 料仓设计和使用

制粉生产线上，物料贮存、转运等均需专用的料仓。

（1）料仓效应

筒形料仓里容易形成拱桥，严重影响仓料的合理运行。拱桥的形成是仓料颗粒聚集作用的必然结果。随着料高的增大，仓内颗粒料的重力垂直作用循着颗粒料间的力链传至仓壁，产生摩擦力（图1）。当料高达到筒直径2倍后，物料向下作用力基本稳定，它的大小与筒仓直径和料块尺寸成正比。此时，物料呈中心空洞流，甚至停止流动。此类现象统称为料仓效应。

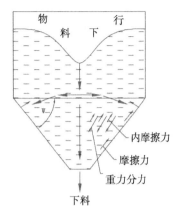

图1 物料下行图

鉴于上述特性，可以在料仓内设置破拱构件，承担物料部分重力，避免形成拱桥，保证物料整体流动，满足工艺要求。破拱具体构件各异。如硅制粉应用 50m³ 块料仓（图2），其上序号5、6的两类板件拼接而成，因是埋在块料中，加料时直接冲击不大，物料速度不高，磨损不明显。

（2）仓内物料整体流动的状态

物料整体处于本身重力作用下的运动状态，统一向出料口流动。这种整体流动状态最有利于生产过程的稳定。硅制粉线上从硅块、碎料到成品均经过给料—出料—输送等历程。物料的流动影响整线生产。因此，相关装备的结构必须满足物料流动的要求。若装备结构不佳，易在仓内形成料拱、轴向空洞流动等，出现生产故障。

这里正是料仓效应的显现。为此，硅粉生产中需要弄清下述几个问题。

1）深仓与浅仓

按工艺要求选用：流程过渡仓，如块料仓、碎料仓、中间仓等选用浅仓。成品仓拥有贮存职能的，用深仓；成品仓只是转存的，则用浅仓。深浅区别：仓体高 H 与其直径 D（或边长）之比 H/D 为：深仓 > 1.5，浅仓 < 1.5。深浅的运用视实际情况而异。同料仓设计相关的还有锥斗角度、壁厚、摩擦情况等，不妨也予以研讨。这也为溜槽、滑道等设计打下基础。

2）滑道斜角（ψ）

物料 A 沿滑道在本身重力作用下下滑，同滑道斜角（ψ，见图3）关系密切。此类斜角在制粉线上起物料转送的作用。所以，确定滑道斜角角度要有理论基础和实践经验。滑道斜角取决于物料下滑的外摩擦角（α_1，见图4））和内摩擦角 α_2。

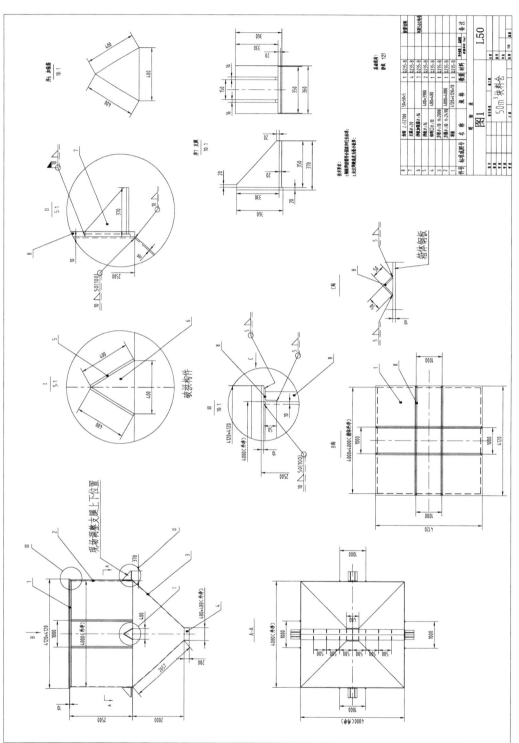

图 2 块料仓（单位：mm）

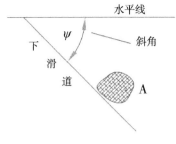

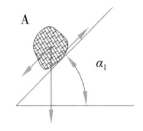

图 3 滑道斜角（ψ）　　　　　　图 4 外摩擦角（α_1）

3）物料下滑的摩擦角

滑道上的物料 A 开始下滑的斜角称为外摩擦角（α_1）。α_1 同物料 A 的重量、表面性能和滑道材质、表面状态等有关。其中，物性和滑道材质最重要。α_1 实测数值见表 1。[1] 滑道常用碳钢。考虑到实际情况，α_1 最大值宜取 45°。

表 1 不同物料外摩擦角（α_1）

滑道材质	α_1/（°）		
	平均值	最小值	最大值
碳钢	27.7	13.3	45.3
不锈钢	21.3	8.0	38.1
铝合金	23.8	14.0	38.7
聚四氟乙烯	20.5	5.3	36.8

滑道斜角取值的实践经验为：硅、石灰石等粒料实测外摩擦角为 45° 上下，同实测值基本一致。

根据文献 [2] 表 1 和实测，得内摩擦角（α_2）数值（表 2）。

表 2 硅的内摩擦角（α_2）

参数	粉料	碎料	块料
粒径 /mm	< 1	< 15	< 100
α_2/（°）	33	35	36

注：粉料愈细，α_2 愈大，甚至接近 90°。

内摩擦角是散料（块料、碎料、粉料）在滑道上开始分层移动时的角度，又名安息角、静止角、堆放角。它取决于物料性质、表面状态、粗细度等。如果滑道处于斜坡上，则分层移动的起始角就不同了，不过与内摩擦角还是有关的。比如粉料处于 45° 的滑道上，其分层流动的起始角为内摩擦角之半（近似），即 15° 左右，得粉料滑道斜角为 45°+15°=60°。粉愈细，内聚力愈大，内摩擦角愈大，滑道斜角随之增大。如成品仓，粉中径 200 目，其锥斗角达到 30°，锥壁斜角 75°。而碎料仓物料较粗，内聚力较小，表面状态起主要作用，在 45° 滑道上就分层流动了。块料虽然内摩擦角大，但其表面状态起主要作用，滑道角度达到 45° 时，就整体移动和分层流动。所以，内摩擦角的效用视条件而定。常用材料的散料相对密度、容重、内摩擦角汇集于表 3[2]。

表 3 散料的相对密度、容重、内摩擦角[2]

物料	相对密度	粉料（粒径 ≤ 0.75mm）		碎料（粒径 1～15mm）	中块料（粒径 20～50mm）	中上块料（粒径 60～100mm）	大块料（粒径 160～300mm）
		容重 / (t/m³)	内摩擦角 / (°)	容重 / (t/m³)	内摩擦角 / (°)	容重 / (t/m³)	内摩擦角 / (°)
砂岩	2.65	1.36	33	1.62	35	2.00	35
硅砂	2.65	1.50～1.60	33	—	—	—	—
石灰石	2.60	1.55	30	1.60	36	2.00	36
硅	2.70	1.40～1.50	33	1.60	35	2.00	37
白云石	2.80	1.60	32	1.86	36	2.00	36
长石	2.70	1.60	32	1.70	36	—	—
芒硝	—	0.98	30	—	—	—	—
纯碱	—	0.61	30	—	—	—	—
重碱	—	1.15		—	—	—	—
煤粉	1.27	0.50	30	0.90	40	—	—
白土	—	1.60		—	—	—	—
叶蜡石	—	1.60	30	1.90	35	2.20	35
碎玻璃	2.60	—	—	0.94	25	—	—
配合料	—	1.15	35	—	—	—	—

硅的滑道斜角、内摩擦角、外摩擦角见表 4。

表 4 硅的内摩擦角、外摩擦角与滑道斜角

物料	粉体与钢壁外摩擦角（α_1）	粉体内摩擦角（α_2）	滑道斜角（ψ）
细粒（粒径 < 0.15mm）	45°	33°	> 60°（+45°）
中粒（粒径 > 0.15mm）	30°	35°	> 45°（+30°）

（3）仓壁厚度

料仓装料时，仓壁受到物料重力和流动摩擦力作用。仓壁要保持工作状态，必须具有一定的强度，体现在仓壁厚度上。钢料仓仓壁厚度见表 5。

表5 钢料仓仓壁厚度

壁厚/mm	容量/t	松料振打频率	力
8	5	3600 次/min	16kg
10	50	3600 次/min	30kg
12	70	3600 次/min	45kg

注：能经受电磁振打3600次/min。

3.粉碎偏差及对策

（1）刀片与衬板间隙

此类间隙包括顶间隙和侧间隙。冲旋制粉机内，刀片与衬板间隙应为20～40mm；过小、过大都不好，会影响产品粒度和生产。一般情况下，间隙小，粉粒细。但间隙不可太小，如5～10mm。不妨举例：CXL1300型冲旋制粉机上部进料处的刀片顶间隙太小，就会引起制粉机工作不稳定，电动机电流波动达±20A，造成生产指标下降。改进对策则是调整间隙。其中道理就藏在冲旋粉碎原理之中。

通俗地讲，粉碎原理就是用外力将硅碎块再打碎。我们用制粉机里转子上刀片在转动中打碎硅块。

打碎的方式有5种：①压碎，即施加压力压碎。如立磨的辊轮、球轮滚着压碎。②磨碎，即在两刀具压夹物料的相对移动中研碎。如辊式破碎机，用两对转辊面挤研得粉。③折碎。如滚齿破碎机，在齿间施加弯曲作用得碎粒。④劈碎，即刀具棱角（包括刃口）劈开、切开物料得粉。⑤击碎，即冲击打碎。冲旋粉碎中，5种方式均有，只是占比、强度和作用不同，其中劈碎和击碎是主要的，压碎次之，其余2种作用很小。尤其是磨碎，应竭力避免。

冲旋粉碎的劈碎和击碎，即劈击，将劈刀水平布设（立式机），旋转中劈开物料，刀片与衬板间隙小些，压碎和击碎联合，实质上是拍击，刀片平面打击料块，利用压力击碎料块。刀片与衬板间隙可大些。劈击和拍击联合配置经常使用。粒度调控的基础之一就在于此。

至于磨碎，过程是这样的：硅块挤在刀片和衬板之间，楔住了，尤其是在加料处，刀片转动，带着硅块滑移一段后，硅块表面磨碎一层，脱开刀片和衬板，进入下一步粉碎。可是在又磨又压碎的过程中，能量消耗大，比劈击要高5～6倍，这是由硅晶体结构决定的（详见有关专论）。这引发三个结果。第一个结果：磨碎过程中，硅表面温度升高，如果正好有硬块（金属的、非金属的），会在刀片表面引发火星，成为不安全因素。应尽量避免，不让磨碎发生，所以，冲旋粉碎刀片与衬板间隙应较大。颚破机出料，刀片与衬板间隙一般都要≤30mm。再加其他原因，我们将间隙定为30～40mm。此外，我们不用带凸台的衬板，以免产生负面作用。第2个结果：磨碎时，耗能大，加料处楔进多，使粉碎载荷增加，电动机电流剧增。待磨碎量减少，负荷下降，电动机电流急速减小，形成电动机电流波动很大，超过±10A，即不稳定，料加不进，被迫停机。在设计中，规定制粉机和给料机间是闭环连锁，利用电动机电流波动调节给料量，且是超前控制，即发现电流有增大趋势时，就应减少给料量，否则，因为给料有惯性，到时控制不住。第3个结果：造成打刀事故。当楔进硬块（如金属碎块、螺栓、螺母、牙轮钻头、铁钎头等），且衬板安装位置不正时，刀片与衬板间隙趋小，对刀片的阻力增大，终于令刀片脆断，掉进下一刀盘，发生连锁打刀，酿成事故。所以，要随时注意刀片同衬板间隙，尤其是在换刀片、刀盘、衬板后。

（2）冲旋制粉机防爆功能的运用

冲旋制粉机（含立式冲旋制粉机和卧式对撞冲旋制粉机）是硅粉生产线上最主要的设备。硅属于较易爆金属，主要是处于粉体状态时。所以，制粉机必须具备防爆功能，并落实在设备结构和具体措施上。经多年生产实践的历练，制粉机已具有最佳结构和功能，包括防爆机制，是可靠的。但是，有些实况令人不满意，必须采取相应对策改善现状。

1）制粉机具有的防爆功能

制粉机应用机械功能粉碎硅块，获得相应粒度范围的硅粉。硅粉流散在机壳内，按序被送出制粉机，沿着制粉生产线经历提升、筛分、输送等各工序。因此，在各设备空间弥漫着粉尘流，粉尘粒度各异，大部分是 -200 目（< 75μm）。粉尘属于易爆物，当达到爆炸三条件（粉尘浓度、氧浓度和温度）时，就会出事故。正常生产中，制粉机内粉尘浓度较高（粗细原粉），氧浓度在常态下较高，在氮保时则低；温度< 60℃。基于此种实况，采用常态和氮保防爆措施，就不会形成爆炸，是安全的。但是，存在一个特殊情况，使爆炸的可能性增大。

这种特殊情况就是硬块进入粉碎作业线。硬块可能是铁块、螺母、螺栓、轴承滚子、铁钎头、牙轮钻金属陶瓷牙（花生仁大小）等。刀片在击打硬块时碎裂，引起后续连锁冲击，造成设备事故。同时，由于刀片、衬板都是钢铁材料，互相冲击产生火花。火花如果随粉流进入斗提机空间，增大了粉尘爆炸危险。因此，制粉机配有相应措施，及时将火星扑灭。

2）防爆措施与正确运用对策

为降低冒火花的可能性，需要做到以下几点。

①对原料的要求。不允许混入硬物块。生产线上设置多台除铁器除去铁块。但是，非磁性的铜、不锈钢、牙轮钻金属陶瓷钻牙（花生仁大小）等必须在备料中剔除。原料块块径应小于 30mm。

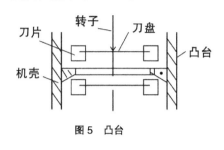

图 5 凸台

②对设备结构的要求。避免压磨粉碎：不采用引发压磨粉碎的衬板。衬板中部有一环形凸台，设于上部刀片下方，将物料导向下部刀片粉碎区（图 5）。同样的不能用小间隙粉碎法。

上述 2 条中，原料中剔除硬块有难度，尤其是无磁性块。至于压磨粉碎，在技术改造中应避开此"陷阱"，多注意相应间隙，就不会引发失误损失。至于不冒火的刀片，没找到相应的硬材料。

为防止火花产生，就得注意以下几点。

①利用旋转风熄灭火花。采用常态（非氮保）生产或循环式氮保（全生产线整体氮保）时，空气或氮气在制粉机内形成旋转流，能及时熄灭火花。

②利用机底出料粉堆和出料口缓冲箱积粉熄灭火花。立式冲旋制粉机底是锥斗出料口，火花落进锥斗粉堆，热度剧降而熄，再沿卸料溜槽进缓冲箱中的粉堆，亦熄灭。但若冒火程度太大，如硬块打刀严重，令火花大量迸发，可能火花无法全部熄灭。所以，杜绝硬块进料极为重要。多年来的事实是：凡是真正按氮保和常态防爆要求实施的硅粉生产，在冲旋/对撞粉碎工艺线上，没有发生过爆炸事故。所有发生爆炸的，都是因为氮保时氧含量未达标，或者常态时未达到足够的风量要求。这是对爆炸条件的认知欠缺造成的，说明防爆是可以做到的！

硅粉碎一般不冒火花。道理很简单，冲击粉碎的力能不大，硅块碎裂成颗粒向四方飞溅时温度不高。硅的强度低，熔点高，受力碎化时的温度离硅的熔点远。不像镁，强度低，熔点低，受击碎化时的温度达到镁的熔点，易形成火星。但是，若粉碎速度过快，冒火花概率增大。只要防爆达标，不会出事。

前述这些防爆机制在实践中往往没有做到。比如，原料准备不严，硬块漏除；刀片与衬板间隙过小；刀片质量把关，包括裂纹检查和重量配对不严；除铁器没能及时清理，除铁效果不佳；从斗提机地坑中寻找碎硬件不仔细，留下隐患。如此种种都有待认真改善。

当冲击能量大时，也会冒火花。但火花在机内立即熄灭。

（3）粉碎作业线防爆的对策

1）整条生产线防爆

整条生产线防爆有两种方式：常态和氮保。具体内容已有专题论述。但是，实际实施时没达到要求，继而引发爆炸。最常见的有四种情况。

第一种情况：常态（空气常压）风机不配套或未调好，不能保证 $2000m^3/h$ 的风量，使系统内粉尘浓度低于 $100g/m^3$（-200 目粉，按国家规定）。原因是"无知"，相关人员没有掌握制粉技术，思想麻痹。那么，应从惨痛教训中认真总结经验，不再犯。

第二种情况：氮保生产时，虽然整条线按氮保要求配置，但偶尔忘了送氮气，若正巧遇上硬块打刀，发生爆炸。

第三种情况：氮保生产时，风量过大，将氮气吸排，氧含量超标，若正巧遇上硬块打刀，引发事故。

第四种情况：检修动火引发粉尘燃烧和爆炸。检修生产线设备时，使用电焊、气割焊是常事。但是，同硅粉生产有关的区段一定要隔离火源，事后要检查前后相关区有否留下火苗、暗火。这是因为硅粒、焊渣会带着温度隐藏在硅粉堆里，一旦开机引风，扬起粉尘，扇亮暗火，引起粉尘燃烧，以至爆炸。

针对上述防爆状态，改善的对策就是做好防爆的措施，达到防爆要求，制定切实的管理制度，严格执行。

同时，工程设计和安装不能"一管到底"，不设必要的法兰连接，不图一时快捷，一定要按规范严格实施和验收。

2）电系统防爆

全部电器装备均要符合国家防爆标准规定。电动机、现场操作电器、控制室电器等均选用防爆型。

所有设备均要接地。

4. 溜槽的结构和敷设

在实际生产上，没有发现各溜槽存在滞料和严重磨损现象，说明设计、安装都正确。概括一下经验，分叙于下。

（1）溜槽结构

常用圆形和矩形槽。圆形槽用钢管或塑料管制作。矩形槽则用方管、槽形材或板材制作，要具有一定的耐磨性，一般用钢质。两种槽型工艺性能相近，只是矩形槽流量可大些，倾斜角度可小些，制作费用较大。

关于提高耐磨性，可以采用高分子塑料衬板，效果较好。高分子塑料衬板适用于制作碎料、统料溜槽。

（2）溜槽倾斜度（溜槽与水平面的夹角，简称溜槽斜角）

硅制粉生产线上，从块成粉，流动性能有较大变化。随着细化，溜槽斜角增大，变化范围为 $45° \sim 60°$。一般情况下，对于破碎后碎粒和粉碎后统料、回料，溜槽斜角最佳为 $45° \pm 2°$，最小为 $40°$。对于 $40 \sim 200$ 目成品粉，溜槽斜角最佳为 $50°$；对于 $50 \sim 325$ 目成品粉，溜槽斜角最佳为 $60°$。对于细粉、布袋粉，溜槽斜角最佳为 $60°$。

溜槽斜角是根据硅粉堆放的内摩擦角拟定（详见本书"料仓设计和使用"），并经实践考核确定的。因硅粗细不同，溜槽斜角大小相异：料粗角小，料细角大。不过，当环境条件变化，料流受阻时，硅粉既有自然堆角，又具崩塌角，崩塌角比堆角小 $2° \sim 5°$。当料流受阻，会滞留于槽内某处堆积增高，堆积到一定高度时，粉体塌方，溜下一部分，再加上方料不断下泻，冲击料流向下滑行，清理了积料，疏通了溜槽。所以，上述选取的斜角角度是可靠的。

为此，举一例讲述。某生产线原设计筛分后回料（粗粒）进制粉机，可是造成给料量不稳定，制粉机负荷波动增大。应将回料移去，转向碎料斗提机卸料。然而，溜槽斜角 $< 40°$，故将原溜槽钢管接长，引料远送。效果很好，流动顺畅。回料粗，斜角可小一些。经实测，内摩擦角为 $38°$。

总之，遇到溜槽难题时，解决的方法较多，但前提是原设计离理论要求相差不大。对此现象的解疑，请见前面"料仓设计与使用"。

5. 除铁器设置

制粉机怕硬块。硅块原料中常有硬块。为除去这些硬块，需将除铁器设置在适当位置上，调整相应参数（如硅粉料流速、流量等）和空间大小；同时，要做好维护工作，如按时清理其表面的铁钎等。不过，对于无磁性硬块，如不锈钢、铜质件等，尚无确实可行的措施，有待进一步研究。

除铁器有效工作的条件有如下 2 条。①硬块最易捕获的首选位置。可设除铁器的位置较多。硅原料块进槽处冲击力大，硬块易被冲走；在破碎、粉碎后的溜槽捕除铁质硬块效果好，只是维修不便；还可把除铁器放在破碎机后碎料斗提机出料口和制粉机后粉碎斗提机出料口溜槽处。②碎料/粉料运行状态适当。硬块（粒）混在物料中，应处在易被磁力吸取的状态。因此，料层不能厚，流速不可过快。溜槽斜角常用 $45° \sim 50°$。

6. 管道敷设

在制粉生产线上，粉体中有较多细粉，尤其是 −200 目粉很容易渗漏至机外，造成污染。所以，除将线上设备一定程度地低压密封外，还配设吸风除尘管道系统，包括风机、除尘器等。其规模大小与机列能力和保护气体有关。常态时不用保护气体，系统风量较大。而氮保时，系统风量则小些。待注意的事项包括以下几个方面。

选定每个设备的最佳吸风点。吸风点宜选在粉尘量最大、最易排除之处，应既顺风，又能挡回粗粒，否则粗粒会进入布袋，影响硅粉质量等。同时，每个吸风口都应设流量调节阀。

风管系统尽量少用水平段。必要时，要铺设成向前下倾斜的，转角处配置 1 个阀门，并带进气管接头，清灰时便于接上压缩气体，扫除管道内积灰。

适当配置连接法兰。由于硅粉系易爆物，且相关设备和管道检修时要采用焊接、气割等，都是引爆因素，为此，必须将硅粉隔开，就得预先设置好。

必须配设各种测试用孔，如测压、测速、测温、取样、观察孔等。

防静电接地。管道内物料沿钢管壁滑行，易生静电，所以，整个管网连同布袋除尘器统一接地。

7. 方形摇摆筛的增效对策

关于方形摇摆筛的基本知识，在专著《冲旋制粉技术的理念实践》中已作解说。经多年生产实践，筛分筛已从圆筒旋转筛经直线振动筛至当前广为应用的方形摇摆筛和圆形摇摆筛，并已大量使用叠筛，取得了较好的效果。随着经济的发展，有必要大幅度提高筛分效能，根据经验，运用筛分理论，提出一些思路。

（1）筛机选型

1）圆形摇摆筛擅长筛分细粉。为保证产品细粉量达标，往往用它筛去超额部分。但单台产能低，需多台联合（并联或串联）。其使用灵活，可调节性佳；维修方便，安全可靠；配合方形摇摆筛脱除过量细粉，效果良好。

2）方形摇摆筛是保证产品粒度达标的主力军。其性能好，使用可靠方便。经常性故障是堵网、破网。要勤于做产品粉检测和检查。

3）叠筛生产能力大。两台方形摇摆筛上下配装，满足产量要求或粗细多品种需求。其使用性能良好。随着硅业的发展，它日益显出独特的优势：可实现并联或串联，使工艺更灵活。当然，结构较复杂，维护工作量增加。

4）随着经济的发展，筛分技术日益提高，提供粉体生产的机型会更多更好。

（2）筛分态势的调控

筛分态势的运动学分析，表明物料在筛面上的"作为"。物料的调控正是筛分态势动力学的任务。动力学研究的主要内容有摇摆频率、振幅和倾斜角。这三项参数决定了筛机的功能水平。摇摆频率是筛箱每分钟摇摆的次数，体现出物料在 1min 内经历的行程，表征为物料运行速度。对于方形平面回转往复摇摆筛，摇摆过程显示一连串转圈的物料流，由大圈到小圈。因之运行速度也就从大趋小。进料端速度最大，激振力大，物料散开得快，分层快，透筛也快，筛分效率高。物料下行，转圈缩小，速度递减，较细粉轮转到透筛。为了达到最佳筛分态势，就必须对物料粉体特性、筛分过程有深入的了解，并拟定调控参数。

1）物料的筛面运行状态

物料的筛面运动状态因物料特性和筛机型式各异。冲旋制粉技术使用冲旋制粉机和摇摆筛（包括方形和圆形），物料粉体和筛机都影响筛分效果。探索物料的运行状态，有利于掌握筛分高效应用。现就方形摇摆筛叙述于下。

①物料特性

物料粒度组成：30 ～ 325 目（45 ～ 542μm），$d50 \approx 60 ～ 80$ 目（175 ～ 246μm）。筛分性能较好。

②物料物理特性：硬、脆、滑，即表面硬度高，脆性易碎，表面光滑，有利于筛分。

③颗粒形貌：表面似蜂窝状，比表面积大，流动性不如球体颗粒，筛分性稍差。

2）筛分过程的描述

物料在筛面上运行，最佳状态是：布料均匀，分层明（显）快（速），透筛顺畅，即发生两维强烈平移和一维旋转。布料均匀是物料进筛后很快就沿筛面宽度方向均匀散开，接着，物料循着网面做连续绕圈运动。物料轨迹呈椭圆和圆交替，沿筛面下行，直径渐缩，最后成一直线。整个过程中，物料连续分层、透筛，筛下物是成品，筛上物是粗粒（返回继续粉碎）。这是筛分的总体过程。还需要细化观察分层和透筛过程。

筛网在摇摆转圈，物料颗粒也跟着运动，有自己的运动轨迹，表现为转圈的跳跃样，像风吹水面的涟漪，跳得不高，只是在向出料向跳动时脱开网面，略飞一小段。因为筛网面向下倾斜，物料颗粒跳动下行，小颗粒向网下钻，实现分层。物料粗细差别愈大，分层愈快；而当都是细粒时，分层就慢了。为什么细粉筛分生产能力低，原因之一就在此。分层后细粒有机会贴网运行，乘势陷入网孔并透过。透筛有自己的规律，有易筛、难筛、阻筛之分，同筛网网孔选择、筛分参数调控直接相关。

筛分过程形象的展现：网面上，许多条螺旋形转圈的粉流似涟漪般从进料端向出料端运动，圈愈转愈小，且拉长前行，最后几成直流。而筛下细粉流似下雨般下落，由密集到稀散，汇总后排出。

3）分层透筛的过程描述

①分层设

容器（包括袋、框、料仓等）受外力而振动（前后、左右移动），其中所盛物料跟着运动，接受外部力和能。所受力中包括永恒向下的重力，它牵引物料向下移动。大颗粒间空隙大，小颗粒间则紧密。重力和振动促使小颗粒

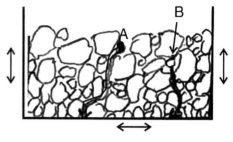

图6　颗粒钻孔网

循着动态改变的间隙隧道向底层运动，直至触底落座（图6）。粉愈细，愈能快速钻到底。于是，粉体按粗细分层，按顺序透过筛网，粗细粉分开。此种现象，日常生活中也不少，下边不妨举例说说。

[例1]　土豆按大小自行分组

东北一农家以土豆自产自销为业。土豆按大小不同，价格各异。原先，这家农民会把土豆人工分级，按大小分开装袋，颇费工夫。有一次，因来不及分，留下一袋混装带走。到市场后，发现土豆已按个头大小分开，上边全是大个的，小个的都在下边。这是什么道理，土豆能自行分级？有人说出道理：小个的很能"钻"，在运送过程中，因道路不平，车较颠簸，土豆间时不时产生间隙，小土豆从其中落下，待到目的地时，大小早已自行分好。这不就是分层吗！

[例2]　粉料仓存粉时间

粉仓积存粉料有粗有细。存粉时，微振无时不在，粗细分层也同时存在，久存的仓内粉大多上粗下细。因此，粉仓存料时间应尽量缩短，粉仓容积不宜大。

②透筛

常用金属丝编织网，以方形孔为主（图7）。

物料颗粒受筛网带动，循着网面运动，其间是摩擦力产生作用。颗粒有自己的轨迹，经常靠近网孔而落入网孔。颗粒进孔有多种方式，如先冲击网丝，反弹进孔，或冲击弹离（图8）。进孔受孔形限制，颗粒如果 $d < 0.8$ 孔径，则顺利通过；如果 $d > 0.8$ 孔径，就成难筛颗粒，会堵网。也有的颗粒运动到网孔边缘后"翻身"落网，情况各异。透筛就同粒度、触网概率等直接有关。粒度取决于粉碎情况，触网的机会数同筛网运动直接相关。一般情况下，细粉的运动速度要快些，才有更多机会触网，落入网孔，透筛。而粗粒的速度要慢些，才能触网后落下。个中道理演示于下。

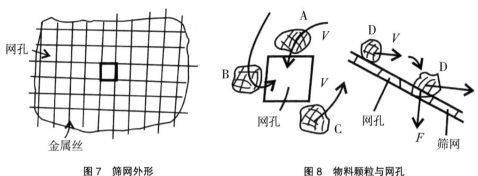

图 7　筛网外形　　　　图 8　物料颗粒与网孔

A～D–物料颗粒；V-速度；F-力

从实际经验和推算获得物料透筛的最佳相对速度，即物料对筛网的相对运动速度：

$$V \leqslant 5a/d$$

式中：a 为网孔尺寸；d 为物料颗粒尺寸。

设大、小颗粒尺寸分别为 d_1 和 d_2，相对速度分别为 V_1 和 V_2，由相对速度式可得：

$$V_1/V_2=d_2/d_1$$

当同一筛网上物料的透筛速度与物料颗粒尺寸成反比时，物料颗粒小，则相对速度大；物料颗粒大，则相对速度小。所以，平面回转往复摇摆筛的同一筛网，进料端振幅大，沿出料方向逐步减小，而摇摆频率没变，速度逐步下降，极有利于细粒先透筛。从分层看，细粒优先触网底，首先下筛。当接近出料端时，物料运动轨迹呈近似直线，粗粒随之急速排出。所以，从运动学、动力学分析，平面回转往复筛性能最佳。实践也证实如此。

（3）筛分的调控

基于上述筛分态势的运动学和动力学分析，要求获得最佳筛分率和产能，可以拟定筛分调控的基本内容。

1）选定筛分方式，确定筛分机机型。根据筛分物料特性、粒度范围、产能等要求，分析各种机型特性，选取最佳机型。就硅粉而言，目前，常用方形摇摆筛去粗粒，圆形摇摆筛去细粉。当产量高时，可选用叠筛。决定的因素是筛机结构、性能和调控参数。

2）粗细粉的筛分原则。使用同型筛机时，细粉用高速，粗粒用低速；用振动术语讲，细粉用高频小振幅；粗粒用低频大振幅。所谓高低、大小，是相对而言的。效果最佳者当推方形平面回转往复摇摆筛。筛分过程中，物料根据筛分参数，按粒度透筛，先细后粗，最后，粗粒快速排出。

3）筛机结构参数的效用。筛机筛网宽度影响产能；长度则影响筛分率；而倾斜度（< 10°）直接影响筛分产能，当然，同时也影响筛分率。

4）筛网配置。按照粒度要求配置筛网。如有机硅用粉粒径 40～325 目，+40 目粉占比 < 10%，-325 目粉占比 < 20%，配置筛网：方形摇摆筛，配 10 目、30 目两层网。又如多晶硅用粉，粒径 45～120 目，+45 目粉占比 < 5%，-120 目粉占比 < 15%，配置筛网：方形摇摆筛，配 20 目、40 目两层网；圆形摇摆筛，配 40 目、120 目两层网。其中，40 目网作为粗粒防漏网，俗称安全筛。若方形摇摆筛 40 目网破损，则漏进准成品粉。上述配置只是一种方案，应按实况调整，适当选用。有关原理已于前述。

（4）取样、筛析技术

制粉过程中，取样、筛析是保证产品质量和调控设备所必需的。它的操作必须达到一定要求，而且要定时定点进行。取样包括 4 个样，即筛前由制粉机排出的统料和筛分后的粗粒、成品粉、细粉。统料和成品粉按常规定时定量取样，粗粒和细粉必要时取样。

取样要求：准确、定时、定量。为此，取样的基本要求是：①手工取样器的大小合适。②取样手法为能截取各部位物流，如迎着物流转圈。③取样后，将样先掺匀，再铺开，做四等分，取其中 1～3 份，筛析后，求取平均值。如用自动取样器，也要等分筛取平均值。

常用的一种手工取样器见图 9。

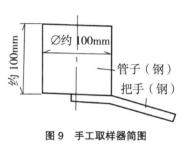

图 9　手工取样器简图

（5）筛分技艺的应用实例

筛分理论应用能帮助解决许多实际问题。经多年生产实践，硅粉粒度组配已定形，沿用效果明显。高品质活性是硅粉的最高标志：粉粒高原子态势构型和粉体粒度集质构型。高原子态势由粉碎技术保证，粒度集质还需筛分技术辅助。现援引实例予以说明。

[例]　某 CXD880 型对撞冲旋制粉生产线，常态（非氮保）条件下，生产 30～120 目多晶硅粉，+30 目粉占比 ≤ 5%，-120 目粉占比 ≤ 10%。主机两转子转速 52m/s（频率 40Hz）和 65m/s（频率 50Hz），给料电动机频率 32Hz。经试生产，得统料粒度筛析。

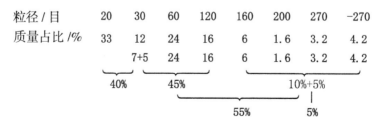

粒径 / 目	20	30	60	120	160	200	270	-270
质量占比 /%	33	12	24	16	6	1.6	3.2	4.2
		7+5	24	16	6	1.6	3.2	4.2

40%　　45%　　10%+5%

55%　　5%

粗粒回料占比 40%　　成品率 91.7%　　细粉占比 8.3%

计及布袋粉占比 4%，获取产品成品率 88.2%，产量 4t/h。但是，产品要求 +30 目粉占比 ≤ 5%，实物却有 12%，故需除去 7%。可在筛机上运用扩孔技巧，实现回料占比 40%（最理想的量），并使粉成品率提高。着重说明，这里是常态条件下，可通过改变风量来调整细粉量。而氮保条件下，尚需仔细探索粉碎参数调控，比较复杂。为达到粉体粒度集质标准，则需调控制粉机参数。关于扩孔技巧的运用，做量化计算于下。

（6）筛网扩孔量化估算

按照颗粒穿透过筛网的难易程度，制定物料颗粒透筛状态表（表 6）。

表 6 物料颗粒透筛状态

普通筛分	粒群	扩孔筛分
$d < 0.8a$	易筛	$d < 0.8a_0$
$a > d > 0.8a$	难筛（堵网）	$a_0 > d > 0.8a_0$
$1.5a > d > a$	阻筛	$1.5a_0 > d > a_0$
$d > 1.5a$	无碍	$d > 1.5a_0$

注：①$d-$ 颗粒粒径；②$a-$ 普通筛网孔直径；a_0- 扩孔筛网孔直径；③$a_0=\beta a$；$\beta-$ 扩孔系数，中粉（粒径 0.15 ～ 0.50mm）的 $\beta=1.2 \sim 1.4$，细粉（粒径 0.05 ～ 0.15mm）的 $\beta=1.0 \sim 1.2$。

对于难筛粒群（$a > d > 0.8a$），用扩孔网时：

$a_0 > d > 0.8a_0$，即 $\beta a > d > 0.8\beta a$，取 $\beta=1.35$，则 $\beta a=1.35a$，$0.8\beta a=0.8 \times 1.35a=1.08a$，于是，扩孔筛分的难筛粒群是 $1.35a > d > 1.08a$，而易筛粒群 $d < 1.08a$。取 $1.08a$ 的筛孔。筛孔直径 a，原取 $d=a$，扩孔后，$a_0=1.08d$，需举实例说明。

继续前例，30 ～ 120 目相当于 120 ～ 542μm。粗网 $a_0=1.08 \times 542$μm$=585$μm，相当于 28 目筛网。筛析表中，20 ～ 30 目粉占比 12%，粗粒占比应大些，28 目粉偏细，占比约 5%，满足 +30 目粉占 ≤ 5%。所以，取 28 目粗网。至于细网，在细粉筛分过程中，颗粒形貌影响因素减弱，硅粉硬、脆、滑的特性又有利于透筛，可是细粉分层慢，降低了筛分能力，以致细粉扩孔（缩孔）效用不明显，β 趋于 1。故仍用 120 目网，提高风量，减小细粉量。实践证明，上述阐述具有一定的正确性和实用性。

8. 圆形摇摆筛的组合和效用

多晶硅用粉粒度组成要比有机硅用粉大，一般为 30 ～ 160 目，-160 目粉占比 < 15%。因此，冲旋制粉工艺中，在方形摇摆筛分出粗粒后，细粉就得由圆形摇摆筛分选。圆形摇摆筛能同方形摇摆筛相配，但需要两台并联或串联（通称双联）。经细致的考核，并联和串联的筛分过程是不同的（图 10）。

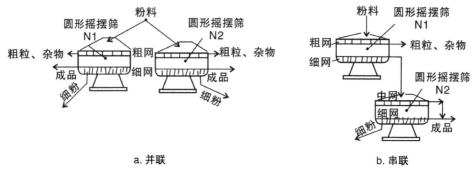

a. 并联　　　　　　　　　　　　　b. 串联

图 10　圆形摇摆筛双联方式

如图 10 所示，经方形摇摆筛除去粗粒后，全部粉料进入圆形摇摆筛，筛去细粉。需采用两台圆形摇摆筛，形成双联筛分，有两种联合方式均能满足生产要求。其中，串联胜过并联。并联时，来自方形摇摆筛的粉料均匀分流进圆形摇摆筛 N1 和 N2，经组配筛网，筛去细粉，得成品粉；粗网上会分出方形摇摆筛漏下的粗粒，警示该筛粗网破损或结构有失效处，需采取措施排除。串联时，粉料先进 N1，筛去部分细粉，筛上粉转入 N2 继续筛，分出全部细粉，获成品粉。结果显示，串联得到的成品的质和量均胜过并联。理论分析和实际效果一致。

其中缘由在于圆形摇摆筛的构造特性。我在专著《冲旋制粉技术的理论实践》第 10章中对圆形摇摆筛结构和性能做了较详细的说明。此类筛能使粉体拥有六维运动形式，即三向移动和三向旋动，于是，粉体顺利进行分散、分层、透筛和外送的过程。因此，在掌握其结构和性能的基础上，组配好筛网，适当地调控运行参数，就能获得良好的筛分效果。比如，上述串联，N2 的旋转速度降低，即降低振动频率；调大偏心距，即增大振幅值，就能使经 N1 的细粉顺利地透过 N2，使筛分质和量都更好。筛分过程中，振动参数频率和振幅的效用已述于前。细粉过筛宜用高频率、小振幅；粗粒过筛宜用较低频率、较大振幅。

实际应用时，现场调整圆形摇摆筛振幅较困难，应在装配时调好 2 台圆形摇摆筛的振幅。频率用传动电动机的变频调节，配置变频控制设备。

补充说明：圆形摇摆筛可作为方形摇摆筛工作的"安全筛"：当方形摇摆筛粗网破损时，粗粒和杂物随成品粉落在圆形摇摆筛上，从而被拦住，避免漏进成品粉，保证成品质量。而且，圆形摇摆筛就在方形摇摆筛下方，巡检时可及时处理，排除故障。

9. 摇摆筛进出料软联接的配置和设计

摇摆筛（方形、圆形）进出料处于立体运动状态，而给料和接料机构是静态的，中间就需要软联接。它的结构和材料多种多样。经多年应用，趋向于使用波纹管。它具有伸缩、柔转和耐用的特点，而且固定方式简便。现将常用的波纹管软联接结构解述于下。

图 11 为摇摆筛出料口软联接示意图。图 12 为筛分设备进、出料口装置。一般出料口$\varnothing$200～250mm，摇摆旋转速度 220r/min（3.7r/s），摇摆半径 20～40mm，双振幅 40～80mm。按图示，物料从出料口（$\varnothing$200mm）旋转下卸，取一颗粒 m，从口上 a 位置旋落至接料口 b，进入接料口。颗粒 m 循惯性作用沿弧线转圈而下，其切向速度为 V_t 和垂直向下速度为 V_d。设从 a 至 b 的经过时间，可以计算得波纹管长度 L。计算如下：如图 11 所示，OO_1 是偏心距，取 OO_1=400mm，aO_1=100mm，$\alpha_{aO_1b}\approx 160°$，则颗粒 m 转约 200°，已知摇摆转速 3.7r/s，则转一圈需 t=（1r）/（3.7r/s）=0.27s，颗粒 m 下旋 200°，需时 200°/360°×0.27s=0.15s，下降行程（即波纹管长度）L=1/2gt^2=1/2×9.8g/s^2×0.15s^2=0.110m，即物料随着摇摆转落进接料口的最短距离。实际操作中应留有余地。常取 200mm，再加两端定位长度，确定波纹管长度。

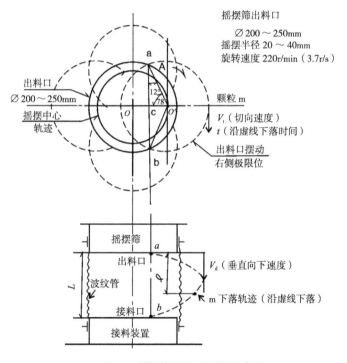

图 11 摇摆筛出料口软联接示意图

若摇摆筛出料口增大，颗粒下落时间延长。如出料口$\varnothing$250mm，则转圈角度变化不大，仍在 200° 左右，所以，可确定使用 200～250mm 长的波纹管。为便于记忆，不妨令波纹管长度同出料口直径相同，同理可配置加料口的软联接（图 12）。波纹管的耐磨性不强，应尽量减小物料的冲磨。鉴于此，必要时，设计上宜采用中间导管结构（图 12）。

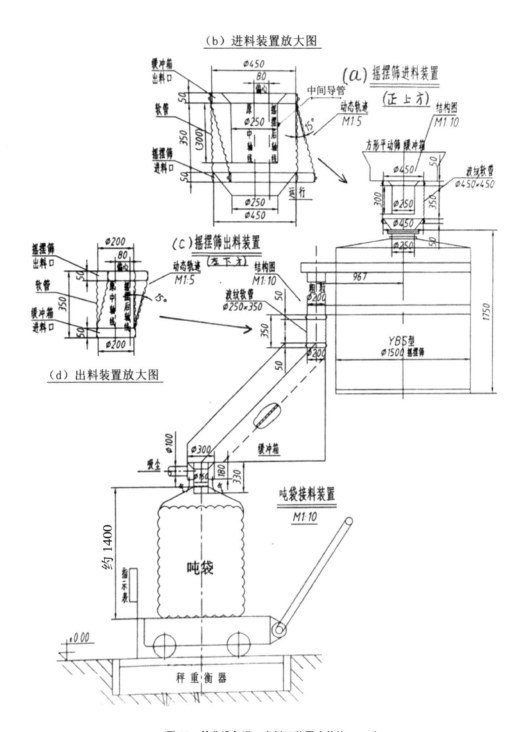

图12 筛分设备进、出料口装置（单位：mm）

摇摆筛经软联接卸料进入中间仓,再被装入包装吨袋,采用如图12所示的细粉吨袋装运,并用地磅称量和液压车转送,人工或机动均可。

除了在筛子进、出料口,其他许多振动器械,如振动给料、输送等都可参照应用软联接。

10. 车间建筑构成的配置

制粉生产线的车间要有良好的地基,且有各类辅助设施(包括水、电、气等)。如何配置?历经多年考核,有一些经验。

(1)厂房高度和吊车(天车、起重机)配设

生产线分三个主要部分(工段):备料、制粉、成品贮运。厂房因此可列成为三跨。各跨高度不一样。一般条件下,备料跨设备顶点标高 +5.00m;制粉跨设备顶点标高 +12.00m;成品粉跨设备顶点标高 +20.00m。按这些标高可配设吊车。备料需用吊车或铲车、皮带机等。制粉跨不设吊车也可以。在颚破机和制粉机处可配设电动葫芦,架设一支横梁工字钢。筛分机换网时,采用门架葫芦。当然,制粉跨配设吊车,轨面标高 +13.00m,则更好。可在平台留出检修用孔,使破碎机、制粉机、筛机及其他设备检修、吊装、运输更方便。成品粉跨不需吊车,可用水平输送机,将成品粉从斗提机接送进粉仓。必要时,不用厂房,单用棚屋局部防雨。而北方尚需防冻。

(2)设备地基、平台与建构

生产线设备地基没有出现过开裂、地脚螺栓松动现象,状况很好。设备平台采用混凝土和钢构均行。其中值得注意的有以下3点。

1)设备平台应同地基一样,更不能架在厂房构件上,避免减少厂房使用寿命。

2)平台最好全线合用。尤其是筛机,如是两条生产线,选用对称布置,让筛机靠近,平台公用,换网、检修等方便。同样的,制粉机也应靠近,公用域增大,对维护、检修、吊装等都有利。

3)平台材质。常用混凝土,抗振性较好,耐用稳固,基建费用比钢结构节约;易于连成整体平台,整体划一;平台下没有柱子林立,便于维修、操作和观察。钢结构平台以上性能稍差,不过改产方便。但是,筛机平台不用钢结构,因其抗振性较差,下部支撑太多,使用很受限制。

4)平台高度。取决于卸料要求、台下设备要求。其中包括检修空间,如检修梁高度,见图13。

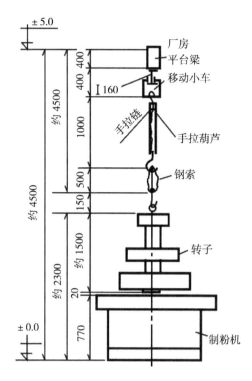

图 13　CXL1300 型冲旋制粉机转子检修吊装示意图（单位: mm）

（3）关于地坑

地坑造价约 2 万元（地坑 3m×3m×3m），解决了两个问题：①破碎机、制粉机等重载设备可设于地坪上，基础结构可靠，经济节约，操作、维护方便。②令厂房、平台高度降低，减少投资，有利于操作、维护。不过，要妥善解决另外两个问题：①防止渗漏水。南方雨水多，地下水位高，基建时，更不能疏忽防水。②防止氮气伤人。斗提机密封不严时，氮气泄漏，但地坑地势低，易于积存。此地应有吸气罩，及时把氮气抽除。

（4）厂房的环保条件必须达标

粉尘、噪声均应在允许范围之内。可在厂房适宜处装轴流通风机；在粉尘较多处设局部除尘装置。

（5）楼房设制粉机、筛机的注意点

制粉车间不设地坑，将制粉机等布设在楼房上。要求厂房具有相应构造。当前，厂房有钢筋混凝土和钢质两类结构，主要是为了抗振。可利用厂房的自重和厂房梁柱的竖向、水平向刚度保证设备的平稳工作。所以，两类结构均可用，而钢筋混凝土更好些。工艺设备对基础设计的要求更应明确，详见本书《冲旋制粉机整体动力学分析研究》。

参考文献

[1]　李志义，王淑兰，丁信伟．粉体物料和料斗材料对料仓流型的影响．化学工业与工程技术，2000，21（1）：12-14.

[2]　许德强，孙云侠．平板玻璃厂贮仓设计与构造．建材世界，2011，32（5）：69-73.

冲旋石英粉（砂）在光伏产业中的应用研究

石英的成分是二氧化硅（SiO_2），同硅一样，用途很广。在光伏产业中，其高纯度粉（砂）是多晶硅、单晶硅熔炼提纯和铸造引锭坩埚的最佳材料。而坩埚的质量极为重要。石英也是提炼单晶硅的上好原料。晶体硅的要求为：硅含量为 99.9900% ～ 99.9999%，杂质含量愈低愈好；50 ～ 140 目粉占 95%，140 ～ 170 目粉占 5%；成品率＞75%；产量＞3t/h。原料纯度较低（99.5%），需提纯，所以，制取的石英粉（砂）必得经浮选、酸洗等加工。制粉技术应该尽可能改善粉的质量。应用冲旋制粉技术生产的石英粉（砂）生产在保证高纯度的条件下，应拥有下述四项特性。①粒径可调；②颗粒活性构型（形貌、表面性能等）；③制粉兼具提纯功能；④最佳成品率和产能。

石英主要源于原矿。采用先进的制粉技术，则可优化某些重要性能。以下详述冲旋制粉技术的独到之处，使产品更符合坩埚制作和工况要求。

1. 粒度可调（颗粒级配）

随着工艺的发展，需调整石英粉（砂）的粒径和组成。冲旋制粉技术经多年实践和理论研究，自有一套有效工艺可调整粒径。粒径随频率的分布可呈多种形态（图1），如大钟形曲线、单峰形曲线，也可能呈两峰形曲线、多峰形曲线。峰可高可低，或为尖峰、圆峰，应根据需要调节。从发挥石英性能的角度而言，高集质形最佳[1]，在中径前后 20% 范围里，粉占比为 40% ～ 60%，甚至 80%。

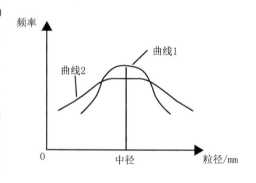

图 1　粒径 – 频率曲线

2. 颗粒活性构型

冲旋制粉技术制取的粉料颗粒拥有蜂窝状形貌，呈多棱体状（图2），比表面积大，参与各类化学反应的活性高，是高活性构型[1]。此性能对石英浮选提纯其有裨益，促使更多的杂质颗粒被浮选消除。在坩埚制备中，多棱体石英粉（砂）的流动性保证充填密度，提高坩埚质量，为棱体蜂窝面也使石英颗粒结合得更牢，赋予坩埚壁适当的高温膨胀和收缩弹性，有利于提高坩埚的性能和寿命，以及多晶硅、单晶硅铸锭的质量和成品率。

图2 石英多棱体

3. 冲旋制粉技术兼有提纯功能

冲旋制粉具有选择性，易将性脆、极具碎裂性的杂质颗粒制成细粉，使其被布袋除尘器收集，从而降低杂质含量。实验证明，冲旋制粉技术可减除原料中 50% ~ 70% 的铁、钛杂质。[2] 又如硅粉生产中，冲旋制粉技术使产品纯度提高一级以上。[1]

4. 获取最佳产能和成品率

石英和硅的晶体结构、强度、硬度差异不大，煅烧后变软，所以，用冲旋法制石英粉（砂）是不错的选择。纯石英粉（砂）的生产指标可能超过硅粉，预计为：成品率＞75%，产能＞3t/h，拟将 CXL1500 型冲旋制粉机用于高纯石英粉（砂）生产。它是在 CXL1300 型冲旋制粉机的基础上改进而来的，产能高 50%。

冲旋制粉技术使石英获得更佳的品性，具有高质效的粉体构型（粒度可调、活性显著），以及高纯度、更佳的生产指标。硅的冲旋制粉生产实践和理论研究所提供的数据足以证明上述推论的可靠性，当然，最后有待于石英粉（砂）的实际应用结论。由此判定冲旋制粉技术的"功绩"有：①为光伏产业提供高质效的硅粉；②为光伏产业提供高质效的石英粉（砂），进一步改善坩埚性能；③为多晶硅、单晶硅制作水平的提高贡献一份力量。

光伏产业是先进产业。将多晶硅、单晶硅制成光伏板，开发太阳能等绿色能源，"板上发电，板下种植，板间养殖"，为人类创造良好的生活条件，正是千古美事！我国可供改造的太阳能利用面积有 150 万平方千米，相当于 15 个浙江面积。这真是千秋大业！我们研究的小小的冲旋制粉技术，能为光伏产业的发展贡献微薄的力量，使我们深感荣耀！

参考文献

[1] 常森.冲旋制粉技术的理念实践.杭州：浙江大学出版社，2021.

[2] 张凌燕，袁楚雄.石英型伊利石矿石选择性超细粉碎试验研究.矿产保护与利用，1997（2）：23-26.

"细粉春秋"的启示（之一）

——争取破解控制粒度组成的奥秘

几十年来，硅制粉技术经历过多次考验，其中就包括细粉的去留、如何充分发挥细粉的效用。所谓细粉，从当前经济发展水平看，其粒径 < 0.1mm，即 −150 目；微细粉粒径 < 0.075mm，即 −200 目。硅细粉（包括微细粉）目视为灰色到黑色，颜色不受人们喜爱，且"性格"多变，不易被掌握。不妨列举几个实例。

[例1] 有机硅用粉要细，中径 ≤ 50μm，最佳为 < 30μm。道康宁公司生产的有机硅单体生产指标很好，国际领先。经努力，冲旋粉中径达 80μm，指标提高很多，虽然粒度大，但加工成本低，合成炉寿命长。细粉的奥妙有待搞清！相信中径 50 ~ 60μm 的冲旋粉的性能赶超中径 30μm 粉会实现的。

[例2] 多晶硅用粉手捻后，掌上不留黑粉。微细粉粒径 < 75μm，即 −200 目的粉要很少。它附在较粗颗粒上，或成小粉团，使粉体外观呈灰黑色。如为氮保生产，则在硅粉表层氮化硅的亮灰色的基础上增添了微细粉的黑色。此微细粉对多晶硅中间体合成有利，但若量大了，没明显效果，反而对合成炉不利。微细粉占比必须低于一定值，如 5% ~ 10%。若采用常态（非氮保）生产方式，产品能很好地达标。可是，在氮保条件下，产品不能达标，微细粉附在稍粗粒表面的坑洼里，又有分子吸引力，用一般的筛机除不了。所以，要采取一定的措施予以解决。问题不复杂，掌握其中机理，即可达到除去微细粉的目的。

具体措施如下。原则：在扬灰处抽去微细粉。如在斗提机进料与出料处、制粉机粉料出口处、下料管/槽落料处、圆形摇摆筛网上空间等增设抽风装置。首先得让粉扬飞，然后抽之。这是因为微细粉落在颗粒上，在分子力和机械力双重作用下，需要较大力才能将其抖落。为此专门设计建造一台冲弹气流分微器，设于粉碎后统料下溜槽下的加料口或缓冲箱前，将刚形成于粉碎腔内的微细粉立即抽往作业线除尘系统，进入布袋器。详见专论《冲弹气流分微技术原理和应用研究》。

圆形摇摆筛通过六维运动，即三维线性和三维旋转运动，将细粉筛分，效果很好。通过运动，能抖落微细附粉，并扬飞于筛内空间。筛盘上设进气口、加料口和抽气设施，很有效地把扬起的微细粉抽走，将其分离。

[例3] 斗提机加料口和出料口上下料扬飞，抽风，除去微细粉。在斗提机下部进

口，粉料从缓冲箱流出，向下进料斗，粉体因垂直落差而冲击料斗和物料，部分附粉被振落。斗提机上部卸料时冲击出料槽，也扬飞，趁此机会将其抽走，不易达到爆炸危险的浓度。

[**例 4**] 用冲旋制粉技术提纯硅粉，使品质提升 1 ～ 2 级。该粉碎方式具有选择性，能使含杂质部分因脆性高而碎成微细粉，从而被抽入布袋收尘器，减少了成品粉中的微细粉含量，提升成品粉质量。

很多例子充分表明微细粉在制粉工艺中的重要性，既"娇气"（细、轻），又"傲气"（易爆炸）。采用冲旋制粉技术，能在一定程度上改善以上情况，却不能从根本上解决问题。至于硅微细粉会从晶态变成非晶态的说法，是没有根据的误传。

各类产品对硅粉都有相应的技术要求，其中最基本的是粒度组成。目前存在的问题是：细粉多了，质量降低；粗粒多了，产量增加。而要改变现状，绝非易事。值得人们相信的是，运用人工智能演示粉碎原位实态和力学参数可反映两者真实的关系，经过理论分析和数智计算，获取粉碎力学参数与粒度关系，掌握粒度可控技术，揭开"粒度之谜"。任重而道远！

冲弹气流分微技术原理和应用研究

——浅述冲旋制粉工艺大优化的基础

1. 问题的提出

微细粉（–200 目，粒径＜ 0.075mm）是硅粉生产必然伴随的产物，外观呈灰黑色。它在继后的有机硅单体和多晶硅中间体合成工艺里有一定的作用；但是，量超标后，负面影响增大，如降低粉品质，多晶硅合成炉的出气口易被堵塞。因此，要减除微细粉，使其含量在允许范围之内。直观的判断方法是，手捻后，手上应留有少许黑点，甚至多数黑点，或无黑点。

硅是晶体，呈银亮色。微细粉界面折光性较强，呈灰黑色。随着硅粉的细化，灰黑色趋深。它仍是晶体，绝不是非晶体（已经检测证实）。粉碎工艺尚无此神通，能把硅晶体转化为非晶体。不过，氮保让硅表面生成极薄的氮化硅层，使其表面变暗。

2. 解题的路径

（1）微细粉源头与演进

微细粉因破碎和粉碎而产生，主要来自粉碎，混在粉体内。其因应变大、储能多、吸附力大，在运行过程中善于附着在其他颗粒上，或成粉团，相互间形成机械结合力和分子力，经历运送、筛分等，分而又合。如果没有清粉措施，微细粉就进入成品粉，使成品粉外观呈灰黑色，失去银亮的本色。

（2）微细粉附着／结团和分离的机理

微细粉是经粉碎大变形或颗粒间碰擦产生的，很容易附着在其他颗粒表面。由于冲旋粉表面坑洼多，微细粉粒易陷入坑里。而在浮游中的微细粉会结团，落入粉堆，分附到周边粉粒上或以单粒存在。由于机械合力和分子吸引加强了料粒的附着力，要使之分离，作用力应更大。经多方研究，要分离微细粉，就得有冲弹和驱离两种作用，让料粒经受冲击、弹动等。据初步推算，冲击速度应＞ 7m/s，反弹力相当于 14m/s，使微细粉和颗粒分离力超过一定的结合力，如料粒在运动中突然遭到碰撞、抖落等，接着被驱走（如抽风等），分离的微细粉集中或以某种方式被排出。此过程是可逆的，所以动作要快。最佳方法是，在制粉机后，微细粉散飞在气流中时，立即将其抽走，效果最佳。否则，微细粉又会沾在其他颗粒上，再经对挡板的冲弹而被分离。如果沾在非成品的粗细粉上，则一起由筛机排出。

3. 现行制粉工艺的现实表现

（1）常态制粉工艺

即采用非氮保技术，在各斗提机上下配设抽风管路，使设备中有完整的动态风系统。其抽离微细粉效果较好。成品呈银亮色，较美观，手捻后留下少量黑点。这说明微细粉被大量抽走。尤其是制粉机后运送统料的斗提机，抽风效能最好，可将大部分微细粉抽走。原因有二：①微细粉尚未全部附在颗粒上。②附粉和结团粉经斗提机进料和卸料而被分离，当即被风抽走，随后经其余斗提机、振动筛和溜槽滑行引起扬灰而被抽取。一系列冲弹令大部分微细粉被抽进布袋器，使成品粉的微细粉含量指标达标，呈现较美观的本色。如要求更高，当用分微器（详述见下文）。

（2）氮保制粉工艺

为达到氮保安全，且氮气量小，密封条件下的抽风量很小，因此，绝大部分微细粉被留在制粉系统里，产出的成品粉中的微细粉量超标。对于如何筛分去细粉，目前能力匮乏。

于是，形成一种矛盾状态：既要氮保，又要成品品质好。但天无绝人之路，笔者研发了一项创新技术——冲弹气流分微技术。将该技术用于常态粉提纯，能使其纯度更高。

4. 冲弹气流分微技术的实质内容

（1）基本原则

1）制粉机输出的统料中微细粉最多，是抽除的最重要目标。粉在生产线上运行时，经受各类碰擦，也产生少量微细粉，需抽除。

2）仅对制粉机实施氮保。

3）其余均为常态防爆。

（2）实施方案

1）设置冲弹气流分微器，承接制粉机的统料，将其中的微细粉从粉体中分离，进入作业线除尘系统。在成品仓顶加抽风管，使运行中形成的微细粉进入除尘系统。

2）分微器上连氮保制粉机，下接常态筛机或斗提机。

（3）分微器的结构、机理、调控和功效（详见图1）

分微器外形似一座小铁塔，顶上有粉碎后统料进口和微细粉随气抽出口，塔身侧部有进气口，下部则是统料出口。整个分微器在筛机或斗提机加料口上。本身重约100kg。

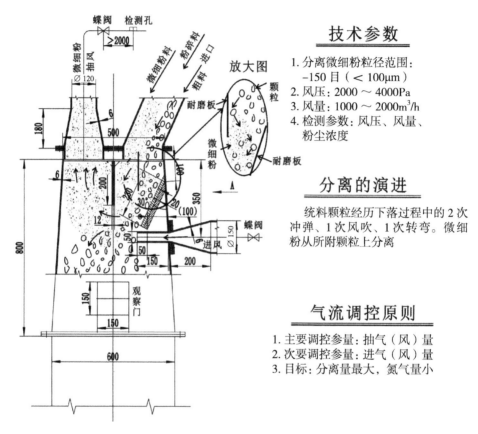

技术参数

1. 分离微细粉粒径范围：
   −150 目（＜100μm）
2. 风压：2000～4000Pa
3. 风量：1000～2000m³/h
4. 检测参数：风压、风量、粉尘浓度

分离的演进

统料颗粒经历下落过程中的2次冲弹、1次风吹、1次转弯。微细粉从所附颗粒上分离

气流调控原则

1. 主要调控参量：抽气（风）量
2. 次要调控参量：进气（风）量
3. 目标：分离量最大，氮气量小

图1　FW型冲弹气流分微器构型（单位：mm）

统料的历程如下。制粉机将进入的碎块打成统料（一般为块径＜5mm）。统料从下部出料口沿溜槽滑落而下，当滑到分微器进口时冲撞垂直布设的耐磨板，冲击反弹速度约14m/s，当即反弹至下部斜向设置的另一块耐磨板，碰撞后下落，进下部出料口。在冲弹和碰撞过程中，附于颗粒上的微细粉脱落（尤其是粗粒上的），粉团分散，进口气流将它们连同浮在空中的微细粉带向抽出口，达到分微的目的。此间最重要的是粉粒的冲弹和碰撞。与此同时，制粉机空腔里游离着大量微细粉，需尽快抽走。用调节好的抽气口对分微器腔抽气，把侧面进气量调好，对制粉机产生一定的抽力，引导氮气带动浮游微细粉随统料一起下流而被抽走。此路气流是驱走微细粉的主力。将粉碎后的微细粉

立刻抽走，是分微器的主要作用。经历分微，粉体里的粉团和颗粒上的附粉、游离粉等微细粉，被抽出，汇集进布袋器。如进、出口风调控不当，则微细粉同非成品粉的粗细粉一起抽离，影响分离效果。虽然之后经筛机可筛去细粉（俗称副粉），达到同一目的，但两者的技术水平不同。

（4）安全性

就防爆而言，涉及 –200 目浮尘，防爆下限为 160g/m³。若产量 3.5t/h，多晶硅用粉较粗，微细粉（–200 目）占比约 4%，微细粉产量为 3.5t/h×4%=140kg/h，在氮保条件下（即氧含量 <10%）是安全的。

分微器的风量为 1200m³/h。140kg/h 微细粉融入 1200m³/h 空气里，分微器中的含尘量为（140kg/h）/（1200m³/h）=120g/m³，是安全的。综上所述，即使产量提高，达到 4.5t/h，含尘量为 150g/m³，若无火花，仍是安全的。如此状态，对常态防爆也是极为有益的启示。

氮气量可按氧含量调控，随着统料下溜和抽风的牵引，实测能达到 100m³/h，比原来的 60 ～ 100m³/h 最多增加 40m³/h。可利用抽气、进气对氮气量进行灵活控制。下部出料口受到的抽力很有限。

（5）保证功效的调控

1）目标：

①抽取微细粉量可控，达到最佳粒度组成，让成品粉呈银亮色，–200 目粉占比 < 0.1%，手捻后留下少许黑点，甚至多数黑点，或没有黑点。详见本书《分微器效用的数智化调控技术》。

②氮气量尽可能低，最佳值待测定，最大为 40m³/h。

2）方法

①调节抽风量和风压。使用蝶阀灵活调节。给定抽风量后，用进风蝶阀调节氮气量；或先定进风量，后调节抽风量。详见本书《分微器效用的数智化调控技术》。

②合理改变各冲击板、分隔板。

③作业线抽风除尘系统配合调控。可以增添旋风分离器、圆形摇摆筛配吸风、溜槽配吸尘罩等，均能作为分离微细粉的辅助措施。

5. 可喜效果（代结束语）

1）成品粉由黑色变银亮色（图 2）。实现产品粉纯化目的，即 –200 目粉占比由 0.5% 降到 0.05%，品质达一级；杂质减少，品质提升 1 ～ 2 级。

2）氮气量增大 40m³/h，但是，只需制粉机氮保，实施氮保和常态防爆融合技术，因为出料时微细粉大部分被抽走。后续可实施常态防爆，使工艺设备布置进入更合理。如制粉机仍设于地坪，厂房高度、楼层数减小，更有利于使用方便、安全和节约投资。可以认为，这是一次工艺优化大变动。

3）除去微细粉后，筛网堵塞程度大为减轻，改善了细孔网透筛能力，提高了筛分效果（质和量）。

4）须经生产实践检验，发现问题，改进提高，达到预期目标。经努力，已于 2023 年 7 月在生产线上顺利达到目标。

a. 灰黑色（分微前塑料袋装）　　b. 银亮色（分微前塑料袋装）　　c. 银亮色（分微后摊开）

图 2　分微前、后成品粉

6. 编后语

1）本文为配合冲弹气流分微器的设计、制作和使用介绍而写。冲弹气流分微器是集体智慧的结晶，但由于理论和实践不足，多有疏漏之处，诚望同仁们多提建议。

2）解决问题的路径不止于上述一条。笔者已考虑过特殊旋风分离器、旋转金属圆筒网机、平板筛分机等，但经多方比较，都不如分微器。

3）可以减轻筛子的细粉筛分重负，提高产能。

4）观察门采用防爆夹层玻璃（PVB 中间膜等）。观察门位置应设在进风口侧面（图 1 所示的位置只是制图定位）。

FW 型分微器效用的数智化调控技术

冲旋制粉机结构简单，破/粉碎和分选物料工艺流程不复杂。调控系统构造较简单，故目前不必高度自动化，更无须花大钱使用人工智能系统。就当前看，我们必须使制粉生产拥有高质效的技术水平，也应开始考虑运用数字技术，结合实况展开数智化操作，以跟上当今时代的发展。

冲旋制粉技术经 40 多年的生产实际应用，积累了相当丰富的经验。当今状态下，已有必要将经验转化为数字，并融会贯通达到一定的数智化水平，指导制粉实践，改变从前凭经验办事、进展较慢的状态，进而促成数化经验、智机融合。

现就分微器效用的数智化调控技术的具体实施方法分析于下。

对象：分微器（在除尘系统里）。

主要环节：①冲弹分离附粉。②气流带走微细粉。③保证制粉机氮保、氧含量达标、氮气量最佳。

目标：成品粉色泽达到银亮，手捻不留黑，故 –200 目粉需占比 < 0.2%。试列多晶硅用粉成色等级于下（表 1）。

表 1　多晶硅用粉成色等级

项目	一级	二级	三级	说明
粒径 –200 目（< 75μm）粉占比 /%	≤ 0.1	0.1 ～ 0.2	≥ 0.2	检验筛析
成色	亮银色	浅银色	灰银色	比较

实现步骤：

1）明确已达到的水平：检测项目包括成品粉和布袋粉中细粉（–150 目）占比与微细粉（–200 目）占比、旋风分离器内积粉量（kg/h）。留取样品。

2）初拟最佳成品粉水平：检测项目包括微细粉（–200 目）占比、成色。

3）测定最大抽风量和风压：检测项目包括蝶阀翻板相应定位标志、风量、风压。

4）调整风量，获取不同的成品粉：利用抽风和进风蝶阀调节，抽吸微细粉，测定其微细粉量。

5）多次测量，记录数据于附表 1。同时注重粉碎氮保过程中的氧含量指标。经调控，多晶硅用粉由灰黑色逐步变银亮色，同时判定其成色等级（表 1）。

6）经分析，找出以下规律。①成品粉中微细粉量占比同抽风和进风量的关系，即成色感官鉴定级别同风量的关系。②布袋粉含 –200 目、–325 目粉占比，旋风分离器收集粉量。鉴定分微总效果。

数智化关系基础：由抽风和进风量相对关系决定从制粉机吸取微细粉和氮气量。

对除尘系统要求：①各支管同主管连接应符合阻力最小原则。②各支管应配备调节用蝶阀。

检测数值：①统料筛析。②成品粉筛析，包括 –150 目细粉占比，–200 目、–325 目微细粉占比。③抽风量（m³/h）。④布袋粉筛析和占比。⑤旋风分离器粉量（kg/h）。⑥生产线的产量、成品率。⑦《分微器数智化调控测试记录表》（附表 1）。

检测器具：风量风压测定仪、取样器、套筛（配有 100 目、150 目、200 目、325 目网）、振动样筛机。

取样：准备取样器，每 2h 或按需取样一次。

结论：分微器应用良好，达到了预期效用。数智化调控技术具有强劲的潜力，为赋能生产提供技术基础。

附　录

附表 1　分微器数智化调控测试记录表

序号	抽风量 / (m³/h)	抽风碟阀开度	进风碟阀开度	成品粉中		布袋粉中		旋风分离器粉量 /（kg/h）	氮气量 /（m³/h）
				–150 目粉占比	–200 目粉占比	–150 目粉占比	–200 目粉占比		
1									
2									
3									

多晶硅用粉的纯化研究

——兼论粉体无黑色的功效

多晶硅用粉比有机硅用粉粗，细粉少。它们的粒度组成依晶硅厂家要求确定，随着生产技术的发展改变。关于有机硅用粉，有"粗细之争"：道康宁公司倾向于制备细粉（平均粒径＜50μm）；我们力争将硅粉的平均粒径从140μm减到80μm[1]。如今，对于多晶硅用粉，因颗粒硅和棒状硅的效用不同，有粗、细两派观点。粗派要求细粉少，甚至没有，即粒径＜75μm（−200目）微细粉占比＜0.2%，手捻后无黑色。要达到这种程度，粉必须全粗，脱尽微细粉。目前，冲旋制粉技术已能达到此类纯化要求。

1. 粒度组成纯化的机理和措施

纯化的难点在脱尽微细粉。微细粉在粉体里，从扫描电镜照片上看，有三种状态：单颗粒、结团和附着在粗粒上。前两种不难去除，而第三种附粉较难去除。原因有二：附粉很细，表面能大（分子力、静电作用力等），吸附力较强；同时，冲旋粉表面粗糙，坑洼多，附粉吸附后，外力不易触及。为此，需先脱离后驱离。经研究，选用新型分微器和旋风器（均为小型，无传动器件）[2]。彻底将微细粉（−200目）清除进布袋收尘器和筛出的副粉中。成品粉中只有粗粒，无微细粉。

2. 化学成分纯化，为冲旋粉高品质增光

冲旋粉化学反应活性高。经反击破碎和冲旋粉碎两级连续加工，全系单颗粒冲击碎裂，含杂质多、结合力差的成微细粉；而成分纯的，因本身结合度好，成粗粒，成为多晶硅用粉的"主角"。如能剔除微细粉，粉中无黑色，则杂质含量大幅度下降，纯化程度升级。经实测，硅粉品质提高2级[2]。

3. 纯化的效用和缺失

纯化可以认为是优化。①粒度纯化：全为粗粒，没有微细粉。②成分纯化：杂质大减，硅粉纯度增高，品质提高。

制粉行业由此受到的影响主要表现为成品率和产能下降，估计成品率降低约5%，产能减少1～1.5t/h。由此引起的亏损应设法弥补。不过，减轻微细粉堵网的负面作用后，筛分效果变佳，产能和成品率可能会得到提高。

4. 结束语

在硅粉"粗细之争"中，活性是硅制粉技术中的重要指标，值得重视。不断纯化和优化，将提高制粉生产水平。

纯化的功效与多晶硅生产直接相关，并波及单晶硅。粉粒度纯化会引发合成变化，正负面影响有待继续深入考究。因此，纯化的功过是非有待实际生产各环节的检验。

参考文献

[1] 余敏，常森，胡世海.浅谈有机合成用硅粉"粗细"融合之道.有机硅材料，2023（1）：73–76.

[2] 常森.冲旋制粉技术的理念实践.杭州：浙江大学出版社，2021.

[3] 杨伟强，王宁，李良.流化床法制备颗粒多晶硅的研究现状.中国氯碱，2023（3）：32–37.

CXL 型冲旋制粉机主要技术参数的型谱关系

制粉机最根本的技术参数是转子直径，即装好刀片后的外径 D；其他技术参数包括重量（质量）Q、产能 W 和电动机功率 Z。以外径（D）为主的比例关系分列于表 1，其中，D_0 表示已知参数机器的外径，D_i 表示未知参数机器的外径。

表1　CXL 型冲旋制粉机主要技术参数型谱

型号	转子直径 D/mm	重量 Q/t	产能 W/（t/h）	电动机功率 Z/kW	竖向升力 P/t
CXL1500 型	1500	8	6	90	3 × 8=24
CXL1300 型	1300	6	4	55	3 × 6=18
CXD880 型	880	3	1.3	22	3 × 3=9
比值	$\dfrac{D_0}{D_i}$	$\left(\dfrac{D_0}{D_i}\right)^2$	$\left(\dfrac{D_0}{D_i}\right)^3$	$\left(\dfrac{D_0}{D_i}\right)^3$	

注：①CXL1300 型冲旋制粉机使用最广，可由其推得另一机参数。②机内转子转动后，对机体有竖向提升力，约为其本身重量的 3 倍。③上表是制造、调试、生产中的结果。其机理详见注⑤。④产能 W 以生产多晶硅用粉为例。对于有机硅用粉，比例关系仍存。⑤各参数存在转子直径的比例幂次关系：D_0/D_i 的非线性关系。粉碎腔腔体空间内物料变碎的三种方式——刀击、衬板反击和料互击依次料粒粉碎。而三者的效能，同腔体有效容纳物料量成正比，即同腔体直径成正比。

常用数据易于记忆的方法

千瓦歌

千瓦千转千克米	1kW·10³r/min·1kg·m（转速·转矩）
每秒一百千克米	=10²kg·m/s（功/时间）
小时八六〇千卡	=860kcal/h（热/时间）
二五二五液压泵	=25kgf/cm²·25L/min（压强·流量）
千帕力秒立方风	=1kPa·1m³/s（压强·流量）
百毫米水柱秒立方风	=100mmHg·1m³/s（压强·流量）

粒度

粉粒粗细单位	mm、μm、nm、Å、目 $1mm=10^3μm$，$1μm=10^3nm=10^4Å$ 100目$\approx$0.15mm。以其为基数，可计算其余目数，如150目$\approx$0.1mm
晶粒大小单位	mm、μm、nm、Å
晶胞大小单位	Å
原子大小单位	10^{-1}Å

相对原子（分子）质量

1. 元素的相对原子质量 元素的相对原子质量就是元素周期表上注明的相对原子质量	=元素的平均原子质量/核素^{12}C原子质量（1.993×10^{-23}g）的1/12
2. 物质的摩尔质量 1mol物质（原子、分子、离子）所具有的物质的质量	单位为kg/mol^3； 数值上等于相对原子（分子）质量
3 1mol物质的质量 6.02×10^{23}个原子（分子）的质量	以克（g）为单位； =相对原子（分子）质量$\times1.66\times10^{-24}$g； 拥有6.02×10^{-23}个原子（分子）
3. 例：硅的相对原子质量为28，摩尔质量为$28kg/mol^3$。1mol硅的质量为$28\times1.66\times10^{-24}$g=$4.65\times10^{-23}$g，质量很小，拥有$6.02\times10^{23}$个硅原子		

35～40kt/a 硅粉生产线工艺技术设计

（CXL1500 型冲旋制粉生产线）

第一章　工艺技术设计

1. 任务和要求

1）利用工业硅块（块径＜100mm）制取硅粉：粒径 0～0.425mm，按需配制。其中，粒径＜0.05mm 粉占比应＜15%，粒径＞0.8mm 粉占比应≤5%。采用常态（B 式）和氮保（A 式）两种生产方式。

2）产能：3.5～7.5t/h。按粒度级配确定。

2. 生产线设计根据

采用冲旋制粉技术，其根据为：

1）冲旋制粉机的技术理论和实践经验。

2）多年生产实践。

3. 制粉生产线工艺和设备

按照上述要求，经多种制粉技术的分析比较和实践经验，我单位研发的具有自主知识产权的 CXL1500 型冲旋制粉机优势明显。

1）生产的高活性硅粉达到要求的质量标准。

2）CXL1500 型冲旋制粉机适当组配，形成 CXL1500 型冲旋制粉生产线，即能满足生产量的要求。生产车间选用 1 条生产线、两班制或 2 条生产线、一班制。年产能可达到 40kt。

3）加工成本低。

4）制粉生产符合环保和安全要求，尾气含尘量＜30mg/m³，噪声＜60dB。粉尘浓度达标，保证生产安全。

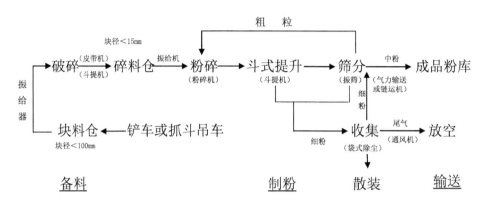 冲 旋 制 粉 技术的实践研究

4. CXL1500型冲旋制粉生产线简介

（1）生产线工艺流程（图1、图2）

冲旋制粉技术的工艺流程见图1，分三个作业部分：备料、制粉和输送。图2系带测控点的流程图。

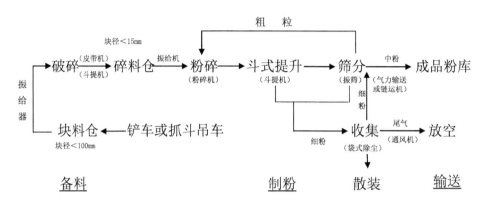

图1 工艺流程简图

（2）生产线设备组成

按上述流程，组成CXL1500型冲旋制粉生产线，分设3个作业段：备料、制粉和输送。配置相应设备：SD2550型备料机列、CXL1500型冲旋制粉机列、LD型链运式或QS型气力输送系统，详见表1。以CXL1500型冲旋制粉机为核心，前后配设装料机、原料贮仓、提升输送装置、成品粉输送与贮存装置，组成一条完整作业线，并配置空压站等，成为一个车间。

（3）CXL1500型冲旋制粉机主要技术经济指标

1）原料：料块块径＜15mm，σ_b＜40MPa。

2）产品粒度：粒径≤0.8mm，按要求调整粒度级配。

3）产能：3.5～7.5t/h（按任务和要求确定）。

4）总电动机容量：130kW/列（不含备料作业段）。

5）水耗量：1#管，水压0.3～0.4MPa（循环用水，耗量很小）。

6）设备操作面积：150m²。

7）环保状况：在国家规定范围之内。

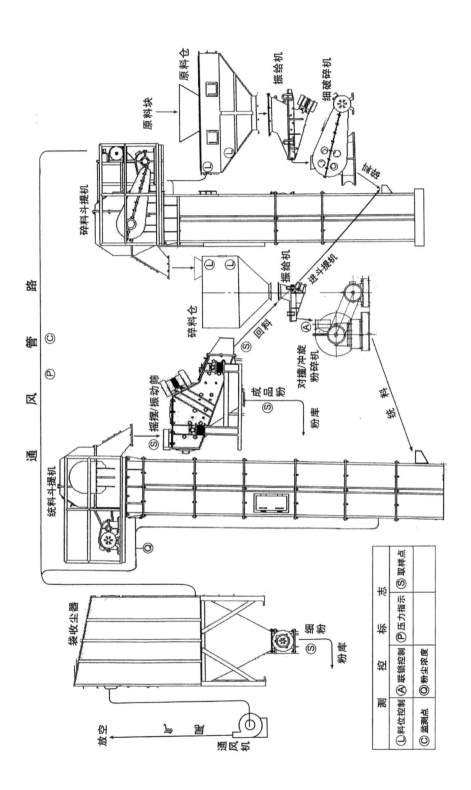

图 2　CXL 型冲旋制粉机列通风系统流程图（带测控点）

测　控　标　志			
Ⓛ料位控制	Ⓟ压力指示	Ⓢ取样点	
Ⓐ联锁控制	Ⓠ粉尘浓度		
Ⓒ监测点			

表1　CXL1500 型冲旋制粉生产线的主要工艺设备

一、ED2550 型备料机列（各1台）					
序号	设备名称	型号、规格	主要性能	参考价格	供货厂
1	块料仓	L6 型	2500mm × 2500mm 6m³ 料块块径 < 15mm		
2	振动给料装置	2G70F 型	给料能力 15t/h 双振幅 1.75mm，1.5kW × 2 配 DZG70-150F 型振动给料机		
3	颚式破碎机	PE250 × 750 型	进料块块径 < 100mm 出料块块径 < 15mm 产量 10t/h 电动机功率 22kW		
4	1# 斗式提升机（碎料）	NE50-12.5-60 左双链，耐磨料斗	永磁式磁感应强度 150mT		
5	除铁装置（块料）	ZT Ⅰ 型			
二、CXL1500 型冲旋制粉机列（各1台）					
序号	设备名称	型号、规格	主要性能	参考价格	供货厂
1	碎料仓	L5 型	有效容积 5m³		
2	振动给料装置	ZG40F 型	给料能力 15t/h 配 DZG K 40-100F 型振动给料机		
3	制粉机	CXL1500 型冲旋制粉机	立轴式 料块块径 < 15mm 出料粒径可调 转子转速 1000r/min 刀片回转直径 1500mm 电动机功率 90kW（变频调速） 配高耐磨衬板、刀片 产能 3.5 ～ 7.5t/h 按要求定常态或氮保		
4	2# 斗式提升机（粉料）	NE50-14.0-60 左双链，耐磨料斗	产量 50t/h 粒径 < 15mm 特殊要求：设泄爆口和吸风口		
5	除铁装置（粉料）	ZT Ⅵ型	永磁式，磁感应强度 150mT		
6	振筛（粉料筛分机）	2040 型方形摇摆叠筛	筛分面积 7.2m² × 5 × 2 电动机功率 11kW		
7	袋收尘器	PPW32-6 型	过滤面积 192m² 脉冲自动清灰 风机 5-60 型 No.5.7 变频调速电动机 YPF2-190M2-2，15kW 风压 9000Pa，风量 11500m³/h，带通风机 G190A，80W，1300 m³/h，50Pa		

（4）生产线工艺设备布置

详见《CXL1500 型冲旋工业制硅粉生产线工艺设备布设》（CXL1500–02）。

CXL1500 型冲旋制粉机列于 20 世纪 90 年代投产，早期用于石灰石脱硫粉生产，后因发展需要，用于硅粉生产，显露独特的生产使用性能，分叙于下。

产品优质高效，为下游制品（多晶硅、有机硅等）提供原料基础。

生产技术先进。采用冲旋制粉技术，实施单颗粒劈切粉碎，获取最佳粒度组成和化学反应活性。工艺流畅，设备运行平稳，操作方便，维护简单。

产能领先，在原有系列冲旋制粉机使用基础上，进行一系列改进，产能指标可达到 3.5～6t/h，成品率＞85%。如果生产混合硅粉，粒度范围扩展，生产指标适当提高，争取产能达 7t/h，成品率提升至 88%～90%。

能耗、水耗及其他指标均为国内领先。详细的改进措施请另见专题论文和书籍资料等。

5. 基建投资（仅供参考）

（1）设备基建投资（1 条生产线和公用的备料间、成品间等机电设备）

设备基建投资见表 2。

表 2　设备基建投资

工段	设备名称、型号、规格	数量	价格/万元	备　注
备料间	装料机（铲车）、通风装置	2（全车间）	30	约 50kW
	SD2550 型备料机列	1	20	约 60kW
制粉间	CXL1500 型冲旋制粉机列	1	80	90kW，机械设备 70 万元，电控设备 10 万元
成品间	成品气力输送装置或链运机（仓泵、管道等）	1	30	约 10kW
	成品库 300m³	2（全车间）	60	
空压站	空压机 0.8MPa，20m³/min	2	30	50kW
装料机、空压站和成品库全车间公用，计 120 万元；每条生产线 130 万元，2 条生产线 260 万元；设备基建投资共 380 万元				

（2）土建设施投资

按 2 条生产线设计，3000m² 生产厂房投资 100 万元。其中，2000m² 原料库投资 60 万元；170m²（12m×14m）制粉间投资 12 万元；50m² 空压站投资 3 万元；100m² 成品库投资 5 万元；设备基础、控制室、配电室及其他投资 50 万元。土建设施投资共 220

万元。

合计基建投资：380 万元 +220 万元 =600 万元。

未计及外部系统，如供电、变压器、原料运输、非生产用房、道路等的投资。车间生产系统总电动机容量 300kW。

6. 车间生产定员

原料间：2 人 / 班；制粉操作：2 人 / 班；机电维修：1 人；每班生产定员：5 人。

第二章 公用设施（电气、仪表、气、水）及土建专业设计资料

1. SD2550 型备料机列

（1）工艺设备布置和设备基础

机列组成：块料仓、振给装置、破碎机、斗提机、除铁装置等，其性能详见表1。布设于地坪（±0.00m）、平台（+3.50m）、地坑（-3.2m）上。

工艺及设备布置见《CXL1500 型冲旋工业制硅粉生产线工艺设备布设》（CXL1500-02）和《CXL1500 型冲旋工业制硅粉生产线设备基础设计资料》（CXL1500-03）。

（2）电气设计资料

1）用电接点见《CXL1500 型冲旋工业制硅粉生产线工艺设备布设》（CXL1500-02）和附表1。

2）全部控制设备设于生产线操纵室内，同制粉机列一起。

3）操纵台上，配设按钮，顺序如下。

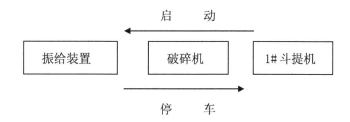

根据制粉机列碎料仓料位开、停破碎机列，实现自动化，亦可人工控制。

4）操纵台上按顺序配置上述设备电动机的电流表。

5）利用振给装置调频控制振动电动机，调节给料量。

2. CXL1500 型冲旋制粉机列

（1）工艺设置布置

1）设备分设在地坪（±0.00m）、平台（+3.50m）、地坑（-3.20m）上，便于平台上巡查、检测、维护，以及平台下制粉机操作、成品粉与细粉送出，详见《CXL1500 型冲旋工业制硅粉生产线工艺设备布设》（CXL1500-02）。

2）设备及性能详见表1。

（2）电气设计资料

1）用电接点见《CXL1500 型冲旋工业制硅粉生产线工艺设备布设》（CXL1500–02）和附表 1。操作柱设于附近的厂房或平台立柱上。

2）设操纵室，能见到平台下电振给料器、制粉机和出粉装置。同时要在各设备近旁分设操作柱，可控制启动和制动。工人必须面对制粉机和电振给料器，它们的操纵按钮和电流表必须并排紧靠一起。

3）操作室内的操纵台上，配设按钮，顺序如下。

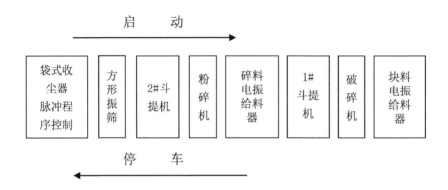

要求具备自动和手动两种方式。

启动程序：①启动安全筛、3# 斗提机和袋式收尘器。② 0.5min 后启动振筛。③ 0.5min 后启动 2# 斗提机。④ 0.5min 后启动制粉机。⑤ 2min 后启动碎料电振给料器。⑥备料机列启动。

停止程序：①停止碎料电振给料器。② 2min 后停止制粉机。③ 1min 后停止 2# 斗提机。④ 1min 后停止振筛。⑤ 0.5min 后停止袋式收尘器、3# 斗提机和安全筛。

注：启动和停止是以按下"启动"和"停止"按钮时为时间的起点。

4）制粉机、振动筛、斗提机、电振给料器电动机必须配备电流表。

5）制粉机动经调频电源启动，保持可靠的工作状态。制粉机操作柱只做启动、停止操作。

6）制粉机和电振给料器之间可分别实施闭环自动控制和人工控制，保持制粉机的负荷稳定，其电动机电流能分别稳定在给定值上（允许波动值 ±5A）。利用电振给料器调节给料量。

7）当发生事故时，立即全线紧急停车。操纵台上必配紧急停车开关。

8）破碎机如无单独除尘设施，则需将袋式收尘器提前到破碎机前。

（3）工艺参数辅助测控设计资料

测控点布置详见《CXL1500 型冲旋工业制硅粉生产线工艺设备布设》（CXL1500-02）及附表2。所用仪表请专家确定后，由用户自行采购，均需防尘。

（4）用气（压缩空气）点和用水点资料

①用气点和用水点见《CXL1500 型冲旋工业制硅粉生产线工艺设备布设》（CXL1500-02）及附表3、附表4。

②袋式收尘器需用压缩空气或氮气清灰，由控制箱控制。制粉机转子轴用气封。

（5）设备基础设计资料

详见《CXL1500 型冲旋工业制硅粉生产线工艺设备布设》（CXL1500-02）和《CXL1500 型冲旋工业制硅粉生产线设备基础设计资料》（CXL1500-03）。

附　录

附录1 《CXL1500 型冲旋工业制硅粉生产线工艺设备布设》（CXL1500-02）略。

附录2 《CXL1500 型冲旋工业制硅粉生产线设备基础设计资料》（CXL1500-03）略。

附录3

附表1　用电点（图标○）与现场操作柱（图标□）

用电接点代号	设备名称	现场操作柱代号	电动机	数量	视图
D1	ZG70F 电振给料装置（块料）	d1	振动电动机，0.75kW×2，不带控制箱	1	正视、俯视、侧视
D10	立式制粉机	d10	Y225M-4，90kW	1	
D3	方形摇摆筛（粉料）	d3	Y160M，7.5 kW，带控制箱	1	
D4	1# 斗提机（块料）	d4	Y160M-6，7.5kW，不带控制箱	1	
D5	袋式收尘器	d5	清灰带微机控制箱，220V 风机电动机，15kW 卸灰阀，1kW	1	
D6	ZG40F 电振给料装置（粉料）	d6	振动电动机，0.4kW×2，不带控制箱	1	
D7	颚式破碎机	d7	Y180L-4，22kW，不带控制箱	1	
D8	2# 斗提机（粉料）	d8	Y160M-6，7.5kW，不带控制箱	1	
D12	轴承冷却水泵	d12	Y80Z-4，0.75kW，不带控制箱	1	

附表 2 工艺参数辅助测控点（图标⇩）

代号	测控点名称	所在设备	推荐的测控仪表	数值范围	备注
K1	原料高位	原料仓		离仓上缘 300mm	原料块块径 ≤ 30mm
K2	原料低位	原料仓		离仓下缘 200mm	同上
K3	管内负压值	袋式收尘器至斗提机间		−3000 ～ 0Pa	压力传送器（带压力指示表）
Q	粉料斗提机		硅粉尘浓度检测仪		

附表 3 用气点（图标◇）

代号	设备名称	推荐压强 /Mpa	耗气量 /（m³/min）	数量	视图
Y1	袋式收尘器	0.5 ～ 0.6（不得 > 0.6）	2	1	正视、俯视
Y2	制粉机	0.5 ～ 0.6	0.2	1	正视、俯视

附表 4 用水点（图标▽）

代号	设备名称	水压 /MPa	耗水量 /（m³/min）	数量	视图
S1	轴承冷却水装置	0.3 ～ 0.4	1	1	正视、俯视
S2	车间清扫	0.3 ～ 0.4	1	1	正视、俯视

50kt/a 硅粉生产线工艺设备技术设计

（CXD880 型对撞冲旋制粉生产线）

CXD880 型对撞冲旋制粉机（图 1）为 CXL 型冲旋制粉机的一个类别，专用于硅粉生产。它的基本结构为：两个悬臂沿一条轴线对称布设转子。它们各自有传动装置，相向旋转；转子配置大、小刀盘各一个；从两侧进料，经小刀盘粗碎后，再经大刀盘中碎，随后，两个大刀盘使中碎料对撞，获细碎料，从机壳中央下口排出。

图 1　CXD880 型对撞冲旋制粉机

1. 特点

1）集多种粉碎方式于一体（技术特点）。使用多种刀具配置、多种粉碎参数、多种材料配方。随着硅块的粉碎，硅由大到小，由软增至硬，粉碎方式也随之变换。粉碎方式方法有多种，我们应用的包括拍打、碰击、研磨、劈切和对撞等。每种方式各有优势，发挥制粉功效。同时，利用调控转子转速改变大、小刀盘刀具粉碎速度，以适应硅料强度的改变。施力适时适度，粒度自成，达到要求，从而提高成品率、品质和产量，保证生产效益。

2）制粉工艺流畅（工艺特点）。制粉工艺包括三大部分：粉碎、筛分、输送。对撞粉碎参数调整（工艺和设备参数）方便、可靠，产品性能参数易于控制，并显示于电脑屏幕上。对撞粉碎的工艺特点有：回料量降低了，从而提高产量和品质，降低易损件用量，节约能源；与相应振筛相连，可获得窄粒度的成品粉（至关重要之处）；能生产粗粒和细粉，如多晶硅用粉和有机硅用粉，一机多用。

3）硅粉品质优良，活性高，是有机硅、多晶硅等最佳原料（产品特点）。硅粉粒度易调，中径集质度高；粉体颗粒粗，晶粒细；原子数大的晶面暴露多，占表面积的一半以上。因此，有机合成的效益高，其中，选择性、硅单耗、渣中硅含量等均为国内领先，达到国际水平。硅单耗降低最明显，经济效益相当可观。

4）操作维护方便（使用特点）。制粉机同筛机、提斗机、风机等组成 CXD880 型对撞冲旋制粉机列，采用电脑集中操控，使用很方便。维护重点在刀具。若用普通耐磨刀具，只要勤观察和调换，工作量也不大。如能采用高耐磨刀具，工作量减少，只是价格高一些。

5）安全防护措施可靠、有效（防护特点）。硅制粉系易爆生产，必须按照国家规定设计。机列实施氮保，有相应防护操作规程，可以沿用用户单位原用的氮保系统方式，包括循环式或局部式氮保。设备结构具有防爆制爆性能，配备相应的检测监控仪器等。如制粉机内物料流畅，没有凸台等阻挡结构，尽一切可能降低物料硬块同刀具挤压、摩擦产生火星的概率，及时除去铁质硬件等。而细粉集中处的布袋除尘器设有防爆门、防静电布袋和接地等。电器，如电动机和调控仪表均防爆。各地坑设置吸风口，具防止窒息等一系列措施。

2. 硅粉生产线工艺设备和产品

以 CXD880 型对撞冲旋制粉机列为核心，配置相应的辅助设备，组成硅粉生产线，用于生产有机硅和多晶硅原料粉，其工艺流程、设备组成、建设投资等引述于下。

（1）生产线工艺流程

对撞式冲旋制粉技术的工艺流程见图 2，分 3 个作业部分：备料、制粉和输送。图 3 系带测控点的流程图。图 4 系机列主体布设图。

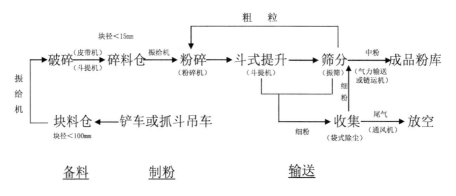

图 2　工艺流程简图

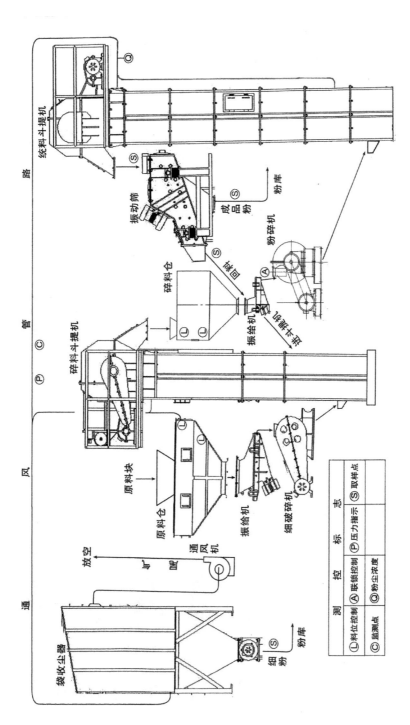

图 3 CXD 型对撞冲旋制粉机列流程通风系统图（带测控点）

测	控	标	志
Ⓛ料位控制	Ⓐ联锁控制	Ⓟ压力指示	Ⓢ取样点
Ⓒ监测点		Ⓠ粉尘浓度	

图 4　CXD 型对撞冲旋制粉机列立体布设图

（2）生产线设备组成

按上述流程，组成 CXD880 型对撞冲旋制粉生产线，分设 3 个作业段：备料、制粉和输送。配置相应设备：备料机列、CXD880 型对撞冲旋制粉机列、送粉机列系统，详见表 1。以 CXD880 型对撞冲旋制粉生产线为核心，前后配设装料机、原料贮仓、提升输送装置、成品粉输送与贮存装置，组成一条完整作业线，详见附图 1。

表 1 CXD880 型对撞冲旋制粉生产线的主要工艺设备

一、备料机列					
序号	设备名称	型号、规格	主要性能	参考价格	供货厂
1	块料仓	L12 型	2500mm × 2500mm 12m³ 料块块径 < 15mm		
2	振动给料装置	ZG70F 型	给料能力 15t/h		
3	颚式破碎机	PE150×750 型	进料块块径 < 100mm 出料块块径 < 15mm 产量 10t/h		
4	斗式提升机	NE50 型	产量 50t/h 粒径 < 15mm		
5	除铁装置	ZT 型	永磁式磁感应强度 150mT		
二、CXD880 型对撞冲旋制粉机列					
序号	设备名称	型号、规格	主要性能	参考价格	供货厂
1	碎料仓	L10 型	有效容积 10m³（按要求确定容积）		
2	振动给料装置	ZG40F 型	给料能力 15t/h		
3	制粉机	CXD880 型 对撞冲旋制粉机	对撞卧式 进料块块径 < 15mm 出料粒度可调 转子转速 < 1500r/min 刀片回转直径 880mm 电动机功率 2×（22～37）kW（变频调速） 配高耐磨衬板、刀片 产能 3～7t/h		
4	斗式提升机	NE50 型	输送能力 50m³/h		
5	筛分机	复式旋回筛 1840 型	筛分面积 7.2×3×2m² 电动机功率 7.5kW		
6	袋收尘器	PPW32-5 型	过滤面积 160m² 脉冲风机电动机，15kW，自动清灰		
7	除铁装置	ZT 型	永磁式		
三、送粉机列					

3. 生产线产品主要技术经济指标（产品粒度、成品率、产能、物耗、能耗等）

1）粒径 ≤ 0.8mm，按要求调整粒度级配，并能达到最佳成品率和产能。

① 45 ～ 325 目（0.045 ～ 0.30mm）：+45 目粉占比 ≤ 0%；-325 目粉占比 ≤ 20%，中径 $d50=120 ～ 150$ 目，即 0.10 ～ 0.12mm，粗细可调。粒径 - 频率曲线呈钟形，成品率 > 99.9%，产能 > 5t/h。系有机硅用细粉。

② 30 ～ 200 目（0.075 ～ 0.55mm）：+30 目粉占比 ≤ 3%，-200 目粉占比 ≤ 15%，成品率 ≥ 88%，产能 4t/h。系多晶硅用粉。

③ 20 ～ 200 目（0.075 ～ 0.80mm）：+20 目粉占比 < 10%，-200 目粉占比 < 10%，成品率 > 88%，产能 5t/h。系多晶硅用粉。

粒度、成品率、产能三项指标互相影响，可以获取最佳结果。

若适当安排工作时间，一条生产线每年的产能能达到 3 万 t。

2）单位能耗：< 16kW·h/t。

3）氮气单位流量：< 60m³/t。

4）维护维修费：10 元 /t。

5）水流量：< 1m³/h。

6）尾气排放浓度：< 5mg/m³。

4. 车间生产定员

原料间：1 人 / 班；制粉操作：1 人 / 班；值班机电维修：1 人；每班生产定员：3 人（白班）。

5. 附件

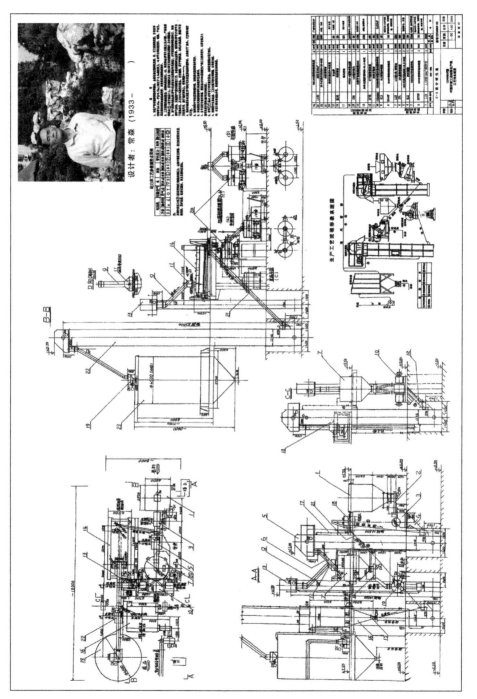

附图1　CXD880型对撞冲旋工业制硅粉生产线工艺设备配置（CXF880-02）示例照片

第二篇

石灰石脱硫粉

循环流化床石灰石脱硫粉冲旋式制取技术

1. 前言

能源工业采用流化床燃煤技术，提高了劣质煤的有效利用率，增大了脱硫的程度。我们冶金工作者支持这一利国利民的新技术，并运用采选和对石灰石加工的经验，研发了石灰石制粉新技术（包括工艺和设备）以制造流化床燃煤所需的脱硫粉，并将之命名为"石灰石脱硫粉冲旋式制取技术"。我们首先将这项技术用在热电厂循环流化床锅炉上。

2. 脱硫粉性能和粒度组成要求的分析

热电厂循环流化床锅炉，需以 $CaCO_3$ 粉料作为脱硫剂，将之喷入炉内，经化学反应，获得 $CaSO_4$，并排出。以石灰石为原料，制取 $CaCO_3$ 粉剂，$CaCO_3$ 含量 > 85%，粒径 0.02～1.5mm。

为选择具有最佳技术经济指标的制取工艺，我们认为有必要深入剖析对粉剂，尤其是参与流化床化学反应的粉料的性能和粒度组成的要求。

在锅炉系统内，粉剂直接同煤燃烧接触，完成固硫脱硫作用。主要化学反应（硫酸盐化）为 $CaCO_3+SO_2+O_2 \xrightarrow{+303kJ/(g \cdot mol)} CaSO_4+CO_2$。反应时，要求反应物呈现流化态，传质、传热效率高，反应快而完全，粉剂消耗应低等，因此，对粉剂的性能，如表面活性、表面积、粉粒组成等就有较高的要求。对性能具有决定意义的有粒度、颗粒形貌、颗粒结构等。如粒度，应具有最佳的组成，不能过粗和过细：粗的反应不快、不完全；细的易结团，影响反应；过细的还会被烟气带走，增加损耗，加重污染。颗粒形貌和结构应有利于化学反应的进程，降低粉剂消耗量。

从上述要求看，冲旋制粉技术有着良好的适应性，同传统的对辊、球磨、雷蒙、锤击、风扇磨等工艺相比，产品具有更佳的性能。

3. 冲旋制粉技术简介

冲旋制粉技术应用于石灰石脱硫粉生产的工艺流程和设备配置详见图1、图2。其主要性能要求如下。

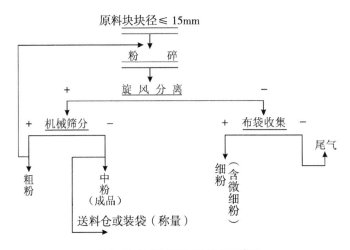

图 1　冲旋制粉机列工艺流程系统图

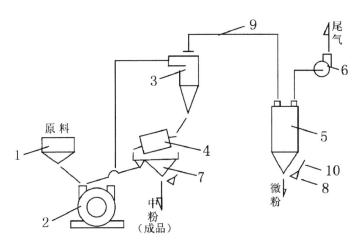

图 2　ZYF 型冲旋制粉机列设备配置

1- 原料仓；2- 制粉机；3- 旋风分离器；4- 振筛；5- 布袋收集器；6- 通风机；7- 成品过渡仓；8- 吸尘罩；9- 气料管道；10- 除尘管道

1）原料：石灰石，块径＜ 15mm，含水量＜ 5%。

2）产品：10 ～ 400 目（20 ～ 1650μm）范围内调整，按需要选取粒度组成。

3）产量：2.5 ～ 5t/h（按 0.02 ～ 1.0mm 粒度范围）。微细粉＜ 0.7t/h（用于煤粉炉脱硫）。

4）成品率：85% ～ 99.5%。

5）总电动机容量：40 ～ 60kW。

6）总机电设备重量：8 ～ 10t。

7）设备操作面积：80 ～ 100m² （分两层）。

8）环保状况：符合环保规定。

该技术特点：①整套装置密封作业，物料全部经管道输送，产品纯净，出粉率高。②产品纹理发育良好，表面呈蜂窝状，具有较高的活性，有利于参与气－固两相化学反应。③设备重量轻、体积小，能耗低，建设投资费用少，厂房面积小，供电量小。④车间环境清洁，劳动条件好，噪声、粉尘均符合环保规定。⑤产品粒度组成易于控制。⑥具有选择性粉碎功能，使成品 CaCO₃ 含量增高 2% ～ 5%。⑦节能效果好。比球磨、雷蒙磨等能耗低 30% ～ 60%。

冲旋制粉技术曾获 1988 年浙江省科学技术进步奖。应用此技术，于 1986—1991 年先后建成投产 1 个工业性试验车间和 2 个生产制粉车间。

4. 冲旋粉的特性

本技术制取的粉称冲旋粉。它有确定的颗粒特性：呈多棱体蜂窝状形貌，表层和体内裂纹发育良好（详见图 3），能保持较高的孔隙率，因此，比表面积大，裂纹密。在脱硫过程中（图 4），气－固两相的反应沿着表面空穴和裂纹向颗粒芯部层层推进，呈现为缩核式微观动态模型，具有良好的化学反应动力学状态。固体颗粒的上述特性，使其参与反应的速度快，粉料和热能的有效利用率高，而其损耗低，且更易于控制。这些特性已为化工生产应用冲旋粉的实践所证实（如硅粉催化制取有机硅单体，铁粉还原制取咖啡因等）。

1）颗粒呈多棱体蜂窝状形貌。石灰石的主要矿物组成为方解石，呈菱方结晶。粉粒参与化学反应的表面积大。

 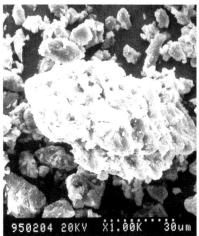

a. 粗粒（粒径 0.3mm）　　　　　　　　b. 细粒（粒径 0.06mm）

图 3　冲旋粉（含 95% CaCO₃）颗粒形貌

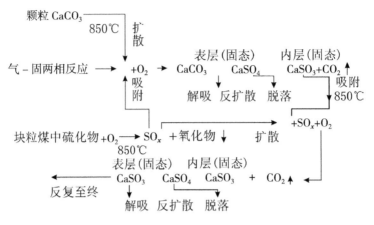

图 4　固硫脱硫动态过程

2）颗粒裂纹发育良好。方解石结晶解理面多，冲旋使其发育出不同程度的裂纹，增大了同 SO_x 的反应接触面。其中，裂纹发育较轻的颗粒在表层硫酸盐化结壳后，在继续受热中因膨胀受阻而裂开，出现新鲜活性面，有效利用率还是高的。同时，粉碎获得的粉粒粗而晶粒细，内能增高，活性增大。

3）颗粒粉化程度轻，无效损失小。

$CaCO_3 \xrightarrow{+183 \text{ kJ/g·mol}} CaO + CO_2$ 反应属吸热反应。部分石灰石进炉后经受热煅烧，得到的 CaO 呈粉状，易被烟气带走。石灰石粉裂的主要原因是反应生成的 CO_2 膨胀。冲旋粉裂纹发育较好，CO_2 循缝外溢，受热膨胀作用较小，因此，颗粒粉化的程度就轻。

4）抵消石灰石在炉内煅烧产生的副作用。炉内高温引起部分石灰石晶粒长大，晶格界面减少，活性下降。但是，冲旋粉的颗粒形貌、发育良好的裂纹使脱硫反应迅速，抑制其晶粒长大，能抵消煅烧引发的副作用，保持石灰石粉的最佳活性。

基于此四项特性，冲旋粉同其他方法生产的粉料（如雷蒙粉）相比，就显得更有优势。其他各类粉的扫描电镜照片见图 5～图 7。总之，冲旋粉更适用于流化床锅炉脱硫。

 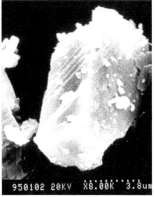

a. 粗粒（粒径 0.25mm）　　　　　　　b. 细粒（粒径 0.09mm）

图 5　雷蒙粉（含 95% CaCO$_3$）颗粒形貌

 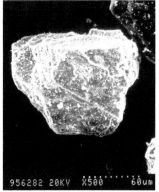

a. 粗粒（粒径 0.25mm）　　　　　　　b. 细粒（粒径 0.09mm）

图 6　球磨粉（含 95% CaCO$_3$）颗粒形貌

a. 粗粒（粒径 0.20mm）　　　　　　　b. 细粒（粒径 0.07mm）

图 7　振动磨粉（含 95% CaCO$_3$）颗粒形貌

5. 粉体粒度组成的调节

ZYF 型冲旋制粉机列具有可多参数调节的特性。冲旋粉粒度与频率呈正态分布，其曲线的峰高和峰宽数值可调，整个曲线可在粒度坐标轴上平移，且曲线两端因筛分而呈锤摆状。所以，其粒度和累积含量的概率曲线一系列平行线，曲线的中段近似 Rosin-Rammler 线，两端延伸很小。经制粉试验和生产实践，已证实 ZYF 型冲旋制粉机列的实用可靠性和调整可控性，能满足脱硫工艺对改进粉剂的新要求。

6. 脱硫粉生产厂的总体设计方案（按日产 300t 计）

1）采用冲旋制粉技术，设置 ZYF 型冲旋制粉机列，配置相应的破碎、称量、输送等设备，形成生产作业线。

2）工艺主体流程

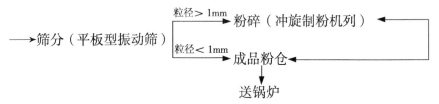

3）总电动机容量：400 ～ 450kV·A。

4）总机电设备重量：约 70t。

5）供水量：约 100m³/d，水压 0.3 ～ 0.4MPa。

6）厂房：制粉间设备操作面积 300m²（分两层），中转面积 150m²，普通砖木钢筋混凝土结构，房架下缘高 6m。辅助设备 100m²。

7）堆场：设料棚 2000m²（保证通风、除湿良好）。

8）操作定员：每班操作工人 12 人。

9）基建投资：约 600 万元。

10）直接加工成本：约 45 元 /t。副产品微细粉（约 400 目）可作颜料、填料、水泥等高级原料，亦可作煤粉锅炉的脱硫剂，其收入尚未计算在内。

对于规格小的制粉厂，设备配套、厂房面积、工艺布置等相应改变，投资额也相应降低。

石灰石冲旋粉的高脱硫活性及其成型机理

石灰石冲旋粉具有相当高的脱硫活性。究其原因，则是多方面的，主要影响因素有化学组成、结晶类型、粒度级配、颗粒形貌。前两项属于石灰石的性质。后两项取决于制粉工艺，关键是粉碎方法，即粉粒体的成型机理。各类方法所获得的粉料的粒级和形貌区别很大，表现出各异的性能，如脱硫反应活性、流动性等。冲旋粉的脱硫活性受成型方法影响，有必要深入研究其成型机理。

1. 石灰石的天然特性

（1）内部结构

石灰石的主要矿物组成是方解石，呈菱方结晶，所含杂质有硅、铝、铁的氧化物等。因此，它性脆，莫氏硬度 3 ~ 4，而且体内有许多解理面、节理面和层理面及结晶缺陷等。它们纵横交错，使石灰石具蜂窝状网纹，随着内外条件的变化，这些面会撕开成裂缝，并扩展延伸成裂纹网。

（2）力学"性格"

石灰石的上述结构，受到不同外力作用，产生相应的不同应变状态，使其力学性能表现为抗压能力比抗拉、抗剪、抗弯能力大得多。若设定抗压强度为 1，则抗拉、抗剪、抗弯相对强度各为 0.05 ~ 0.10、0.15 ~ 0.20、0.08 ~ 0.1。抗压力小，粉碎功耗就小，循薄弱网纹碎裂。抗压力大，功耗大，由剪切变形滑移碎裂，表面光滑。

2. 石灰石的冲旋粉碎

冲旋法运用高速旋转的刀片，拍打石灰石块料，撞击衬板，同时随气流旋转的石灰石碎块受冲击。石灰石因此获得能量和动量，改变速度，引发应力波，使其体内应力骤变，产生以抗拉为主的应变，裂纹急速发育，裂纹端头应力集中，裂纹网迅即张开，沿着网纹裂开，块料粉碎成粉料。粉粒形状各异，表面起伏，富有棱角，裂纹迭起。这就是冲旋粉碎，实质就在于顺应石灰石的自然结构，运用最节约能耗的拉裂法使其粉碎，获取天然特异的形貌。由此制取的粉就称作冲旋粉。

3. 冲旋粉的颗粒形貌

冲旋粉的颗粒形貌特点：①表面凹凸起伏，富有棱角，裂纹迭起（用扫描电镜可见）。②比表面积大，用 BET-N2 仪测得约为 $0.65m^2/g$，比棒磨粉的 $0.36m^2/g$、对辊粉的 $0.38m^2/g$ 高 $50\% \sim 100\%$。而且，粗粒同细粒的比表面积相近。③表面和内部裂纹发育充分。

4. 冲旋粉的粒度级配

冲旋法能提供粗细搭配的粉料，其粒度组成曲线呈宝塔形，即粗的多，越细的越少。以某煤矸石发电厂循环流化床锅炉提供的石灰石脱硫粉为例，其粒度级配如表1所示。

表1　石灰石脱硫粉粒度级配

粒径 / 目	10～20	20～40	40～60	60～80	80～100	100～120	120～140	140～160	160～180	180～200	200～240	-240
质量占比 /%	12	25	13	10	9	7	6	5	4	3	2	4

按锅炉脱硫要求，可通过改变粒级间质量比，即改变平均粒度（$d50$），往粉料粗或细的方向调节。

5. 冲旋粉在循环流化床锅炉内的表现

循环流化床锅炉的炉膛呈竖直状，高达数 10m，燃料（煤、煤矸石、石油焦等）在其中流化，燃烧温度高达 $800 \sim 1000℃$，滚滚"红流"自下向上翻腾。脱硫剂 – 石灰石粉被空气压送进炉，随燃料流奔腾向上，同时与燃烧产物 SO_2（包括 SO_3）化合，生成 $CaSO_4$ 和 $CaSO_3$，呈固体状，进入灰渣斗。石灰石粉中含 $CaCO_3$，同 SO_2 这种有害气体化合，经气 – 固两相反应，硫被固定在 $CaSO_4$ 和 $CaSO_3$ 这些无害的物料中，达到脱硫的目的。在整个过程中，冲旋粉如何表现出高脱硫活性？

1）粒度级配顺应燃料流化燃烧状态，充分发挥粗细粉的脱硫作用。锅炉高高的炉膛（即流化床）内煤在流化态下燃烧，粗粒在下，细粒在上。石灰石粉进入炉膛后，细粉上升得快，粗粒则慢些，并在上升过程中因脱硫而逐渐被消耗，变成粗粒在下、细粉在上，同煤相对应。粗粒煤放出较多的 SO_2，粗粒石灰石粉比表面积大，能捕获较多的 SO_2。细粒煤产生 SO_2 的速度同细粒石灰石粉吸收 SO_2 的速度也正好相当。所以，粗、细粉都取得相同的脱硫效果。

2）颗粒形貌强化了脱硫活性。石灰石粉比表面积大，可吸附较多的 SO_2。气 – 固两相反应从颗粒表面开始，逐步向中心推进，属于缩核反应型，生成的 $CaSO_4$ 或 $CaSO_3$ 呈薄膜状，粘在石灰石粉粒表面。由于 $CaCO_3$ 的热解速度比 CaO 的硫化速度要慢得多，所以只在石灰石粉粒表面生成薄薄的一层 $CaSO_4$ 和 $CaSO_3$，而石灰石粉粒内芯仍暂是 $CaCO_3$。随着颗粒的运动，$CaSO_4$ 和 $CaSO_3$ 膜被擦落，露出新表面，再继续反应。但是如果 $CaSO_4$ 和 $CaSO_3$ 膜没能脱落，会烧结成硬壳，阻断气-固反应，石灰石粉粒就处在被"烧死"的状态。尤其是当床温偏高时，往往造成脱硫效果差，脱硫剂单耗高。而冲旋粉能大幅度减少甚至避免"烧死"状态的出现。其结壳后，颗粒温度未变，内部产生的二氧化碳气体可使裂纹发育良好的颗粒崩裂，振脱外壳，露出更多新表面，再行气-固反应，直至耗尽。概括地讲，石灰石脱硫属气-固两相缩核反应，要经历下述几个阶段：①石灰石热散（热解和扩散）；②吸附 SO_2；③经气-固两相化合反应形成 $CaSO_4$ 和 $CaSO_3$ 薄膜；④薄膜解吸（脱落）；⑤烧结（结壳）；⑥热裂（图1）。冲旋粉因具有良好的形貌，在锅炉炉膛内能吸附更多的 SO_2，保持高脱硫活性。而另一些方法生产的粉形貌差，SO_2 的吸附量小，易结壳"烧死"。

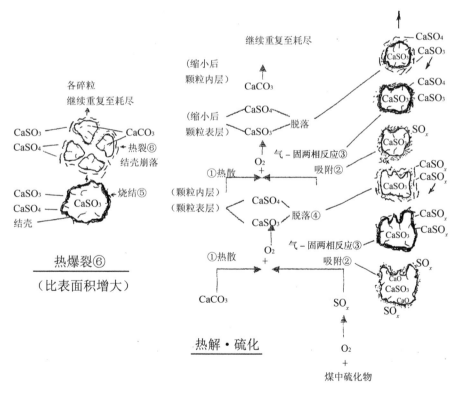

图1 石灰石粉粒脱硫过程各阶段示意图

在实际生产中，杭州某公司 210t/h 循环流化床锅炉和山西某公司 136t/h 煤矸石循环流化床锅炉使用石灰石冲旋粉脱硫，都获得了良好的结果，证实了石灰石冲旋粉的高脱硫活性。

在活性检测上，石灰石冲旋粉经 Ahlstrom 公司（现 FWC 公司）鉴定，其脱硫活性达到 2 级（1 级最高），比别的方法生产的粉高 1 ～ 2 级，也从一定程度上证实了冲旋粉的高脱硫活性。

6. 结束语

冲旋粉的高脱硫活性是冲旋制粉方法赋予的。其成型机理就在于顺应石灰石的组织结构进行粉碎，获得其自然成形特性，使颗粒比表面积大和具充分发育的裂纹，粒度级配曲线呈宝塔形。同其他制粉方法相比，冲旋粉具有明显的优势。

脱硫粉的粒度评说

循环流化锅炉采用石灰石粉脱硫，是一项经济、实用、可靠的技术。该技术对石灰石粉提出相应的要求，其中包括粉剂的粒度组成（即粒级配置）[1]。

1. 粒度组成的内涵

脱硫粉的粒度组成（粒级配置）包括以下几点。①粒度范围：常用 0～1mm、0～2mm。②粒度级配：即粉的粗细配置，将粉按粗细分档，每档占一定比例（即质量比），经常用表或图表示。③中径（$d50$）：粉体粒度统计中的中位数，近似于平均直径，能在一定程度上表征粉体的性能。

2. 粒度组成的必要性

对确定粒度组成的必要性，业界有 2 种见解。①只要粒度范围符合要求，不必坚持粒度级配和中径。②必须要有相应的粒度组成，并按炉况适当变动。在不同的见解下，就有不同的实践，并有不同的结果。按第 1 种见解，不讲粒度级配，会造成炉况失常和损失。如某厂 75t/h 锅炉只能达到 50t/h[2]，产能损失 30%，原因之一就是石灰石粉不合格。按第 2 种见解，坚持用合格的石灰石粉，效果好，技术、经济、社会效益均好。

3. 粒度组成的多样性及其 3 种曲线显示

循环流化床锅炉有多种型式和结构，所用燃料各异，对石灰石脱硫粉的要求有别，其中对粒度组成的要求也不同。当前粒度组成曲线可概括为 3 种图形：奥斯龙曲线、惠斯特维勒曲线和宝塔形曲线，详见图 1～图 3。

（1）奥斯龙（AM）曲线

奥斯龙（AM）曲线由 Ahlstrom 公司首先提出，适用于用细石灰石粉的锅炉。粒度范围 0～1mm，其中 0.125～0.25mm 粉的质量比较高，中径 0.15mm。该类粉的特点是：中径 0.15mm 两侧范围内粉料的活性最好，质量比应最大。此中缘由在于：受生产方式的限制，一般采用雷蒙机、棒磨机、对辊机等挤压碎裂原理制粉，石灰石粉比表面积和脱硫活性随粒度增大而减小和减弱。细粉（粒径＜0.1mm）活性高些，但量不可大；粗粒（粒径＞0.5mm）活性较低，也不能多。按此曲线提供的石灰石粉在国内已取得较好的成果，脱硫率＞80%。

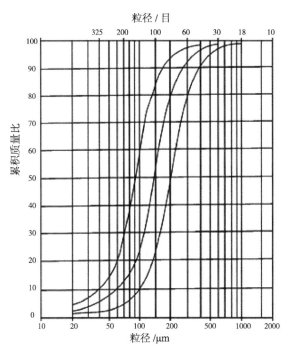

图 1 石灰石脱硫粉粒级配置 AM 曲线

（2）惠斯特维勒（FW）曲线

惠斯特维勒（FW）曲线由 Foster Wheeler 公司提出，适用于用粗石灰石粉的锅炉。粒度范围 0～2mm，其中 0.5～1mm 粉的质量比较高，中径 0.45mm。该类粉的特点是：中径大于 0.45mm 的粗粒量占一半。粉除用于脱硫以外，更重要的是作为一种保证循环流化床锅炉正常运行的床料。由于采用挤压碎裂原理制粉，该类石灰石粉粒的比表面积和脱硫活性较 AM 曲线的差些。该类粉在国内应用效果较好。

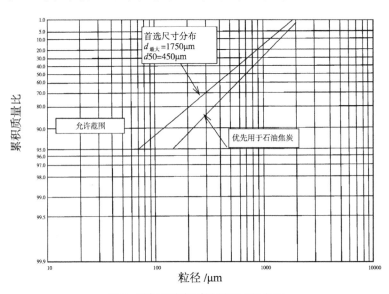

图 2 石灰石脱硫粉粒级配置 FW 曲线

（3）宝塔形（CS）曲线

宝塔形（CS）曲线是我国技术人员在冲旋制粉新工艺的基础上（其粉称冲旋粉）提出的，适用于用粗/细石灰石粉的锅炉。粒度范围 0～1～2mm，中径范围 0.1～0.5mm。该类粉的特点是：①粗的多，细的少。②粗、细粉的比表面积很相近，相差 ±10%。所以，可只凭炉况等条件调整粒度，不必顾及其活性的改变。该类石灰石粉在山西某公司、浙江某公司循环流化床锅炉上获得满意的脱硫效果。

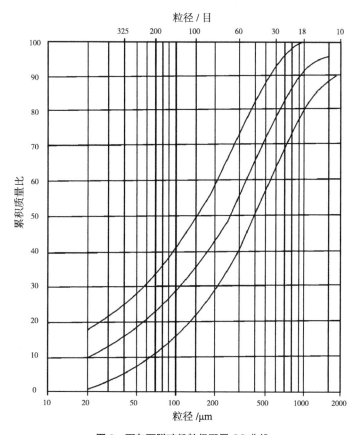

图3　石灰石脱硫粉粒级配置 CS 曲线

4. 宝塔形（CS）曲线的技术基础

循环流化床锅炉的炉膛呈竖直状，高数 10 米，燃料（煤、矸石、石油焦等）在其中流化燃烧，滚滚"红流"上下翻腾。石灰石粉进炉后，跟着燃煤气流循行。炉内物料形成浓、稀相两区，浓相在下，稀相在上。浓相中煤量大、粒粗；稀相里煤量小、粒细。为获得最佳脱硫效果，石灰石粉的量和粒度当然应该与煤相配，也是浓相中量大、粒粗，稀相中量小、粒细。由于冲旋粉活性不随粒度明显变化，粗细的选用可以不受活性制约，因此确定：石灰石粉中应是粗的多、细的少。这样，在炉膛下部多为量大的粗粒石灰石和量大的粗粒煤，在炉膛上部多为量小的细粒石灰石和量小的细粒煤，从而保证最佳的脱硫效果。

遵循炉内燃烧规律，制定对脱硫剂的要求，确立了 CS 曲线的技术基础。经实践和理论考证，终于有了我国自己拟定的石灰石脱硫粒度组成（粒级配置）CS 曲线。

顺便提及一个自然巧合。海螺壳以 $CaCO_3$ 为主要成分，同石灰石一样，可以用于制粉脱硫。CS 曲线的立体图形似循螺壳表面的螺旋纹，自螺腹盘旋至螺顶。此外，CS 曲线也正是利用石灰石分形网络状的微观结构得出的。

5.3 种粒度组成（曲线）的比较应用（结论）

前述的 3 种曲线显示粒度组成（粒级配置）情况，经理论分析和实践考验，做比较如下。

1）3 种曲线均符合 Rosin-Rammler 粒度特性方程，指数则各异。

2）3 种曲线均能提供合格的石灰石脱硫粉，能得到较好的钙硫比。

3）按照 AM 曲线和 FW 曲线要求，制粉的难度大，产能受到较大限制，加工成本高。CS 曲线要求则较容易满足，产能较高，加工成本较低。

4）粒度组成是决定脱硫活性的一项重要因素，同时又受活性的制约。AM 曲线型粉受制约最大；FW 曲线型粉次之；CS 曲线型粉最小。所以，根据炉况等条件调整粒度组成，则以 CS 曲线型粉品质最佳。

总之，CS 曲线型粉具有最佳的石灰石粉的粒度组成，保证高脱硫活性和低生产成本，符合我国当前环保产业发展的趋势。

参考文献

[1] 常森.循环流化床石灰石脱硫粉剂冲旋式制取技术.发电设备，1996（11）：29-33.

[2] 黄少敏.循环流化床燃焦锅炉改造的探讨.石油化工设备技术，2002（5）：32-34.

石灰石脱硫粉生产的技术经济分析

1. 前言

目前，环境污染已经造成严重后果，特别是 SO_2 的危害极为明显。2000 年，我国燃煤排放 SO_2 量达到 2000 万 t，是美国的 2.2 倍（900 万 t）。2020 年，我国煤炭产量达到 39 亿 t，且高硫煤占很大比重，SO_2 的控制正是当务之急。

煤炭资源的综合利用是一个亟待解决的问题。优质煤开发利用后，留下大量的煤矸石（约占煤产量的 10%），至 2000 年，全国已有煤矸石山 1500 多座，计 34 亿 t。它们长期露天堆存，污染环境，必须设法利用。据粗略计算，1 万 t 煤矸石 1h 可发电 200 万 kW，产值 80 万元，效益可观。但是，SO_2 污染随之而来，必须解决。

为控制 SO_2 量，循环流化床（CFB）锅炉燃煤技术已被引进我国，并快速发展。它能脱硫降硝，是解决高硫煤、煤矸石、石油焦等用于发电供热的最佳方法。为发挥其优越性，必须配备石灰石脱硫粉。目前，国内已有上千台该型锅炉用于发电生产，效果良好，发展迅速，前景看好。

电厂大机列锅炉的烟气脱硫也需要石灰石粉，其中湿法、半湿法和干法脱硫已取得良好效果，在国内逐步推广应用。

为保护环境和综合利用资源，燃煤循环流化床锅炉和部分煤粉炉采用石灰石粉脱硫。经实践证明，这是一项很有效的技术，能取得良好的环境效益、经济效益和社会效益。

2. 石灰石粉的技术条件

循环流化床锅炉对石灰石脱硫粉的技术要求如下。

1）化学组成：$CaCO_3$ 含量 > 85%。

2）粒度：总范围 0 ~ 2mm，级配达到 Ahlstrom 公司、FW 公司的要求或特定的要求。

3）活性：按 FW 公司和浙江省地质矿产研究所制定的标准。

要满足上述条件，必须做到以下几点。

1）认真选择原料，$CaCO_3$ 含量 > 85%，结晶度小。

冲旋制粉 技术的实践研究

2）制取的粉末要颗粒形貌好，比表面积大，粒度级配合适，保证有最佳的脱硫活性。

3）制粉加工成本要低。

此三条就是选用制粉工艺和设备的基础。

煤粉炉用脱硫粉的技术要求同上述一样，只是粒径为 –200 目。

3. 石灰石粉生产方式和技术经济指标

石灰石制粉的基本工艺流程如下。

原料（块径≤ 20mm）——→ 粉碎——→ 筛分——→ 收集——→ 成品粉

（原料仓、给料仓）　　　（粉碎机）（振筛或风送）　　　（粉库）

实现基本工艺流程的方法很多，可配设相应的设备，其中常用的有棒磨机、球磨机、振动棒磨机、雷蒙机、对辊机和冲旋制粉机。它们的实际使用情况和技术经济指标列表于下（表 1），供用户选型时参考。

表 1　循环流化床锅炉石灰石脱硫粉各种生产方法比较

项目			棒磨法	球磨法	振动棒磨法	雷蒙法	对辊法	冲旋法
产品质量	比表面积 /（m²/g）		0.34	0.26	0.37	0.36	0.38	0.65
	活性级别		3 级		中 3 级			2 级
	粒级	范围 / mm	0～1～2	0～1～2	0～1～2	0～1～2	0～1～2	0～1～2
		粒径 <0.1mm 粉量	53%	40%	45%	48%	20%	15%
	颗粒形貌		光面，少裂纹	扁平光面，少裂纹	光面，少裂纹	扁平光面，少裂纹	扁平，少裂纹	蜂窝状，多裂纹
产品产量 /（t/h）			11	12	4	6	10	8
单位能耗 /（kW·h/t）			20	20	27	13	11	8
加工成本 /（元 /t）			31	28	40	27	32	16
工艺设备使用可靠性			可靠性较好，对维修技术要求高，原料含水量 < 2%	可靠性好，原料含水量 < 2%	可靠性较好，对维修技术要求高，原料含水量 < 2%	可靠性较好，修理较困难，原料含水量 < 2%	可靠性较好，辊子耐磨性难以保证，加工费昂贵	可靠性好，原料含水量 < 6%

项目	棒磨法	球磨法	振动棒磨法	雷蒙法	对辊法	冲旋法
环保性	需特殊隔音防护	劳动环境很差	更需特殊防尘隔音防护，劳动环境差	需特殊隔音防护，劳动环境差	粉尘大，环境条件差	不需特殊防护，达到环保要求

注：①各制粉法所使用的设备是：2100 型棒磨机（美国制造，220kW）、1800 型球磨机（240kW）、600 型振动棒磨机（110kW）、4R 型雷蒙机（70kW）、300 型对辊机（美国制造，110kW）、CXL630 型冲旋制粉机（110kW）。

②原料：石灰石（$\sigma_b \leq 40MPa$），$CaCO_3$ 含量 > 85%。

③活性级别：按 Ahlstrom 公司标准，分 5 个等级，1 级最好，5 级最差。浙江省地质矿产研究所于 1998 年也拟定了活性等级，也分 5 级。

④粒级：按 FW 曲线、Ahlstrom 曲线和 CS 曲线要求。

⑤形貌：根据扫描电镜照片。

⑥能耗和加工成本等的计算不包括原料准备和粉料外送。

⑥加工成本包括电耗、人工费、折旧费用、大修费用 4 项。电价 0.7 元/（kW·h），折旧率 10%，操作定员（三班总数）5 人。

4. 技术经济指标的核算

现以冲旋法和对辊法为例进行经济核算。ZYF430 型冲旋制粉机每台价值 30 万元，每班产 50t，年产 4 万 t。∅300mm 对辊式制粉机每台价值 100 万元，每班产 35t，年产 3 万 t。按单台制粉机计算。

（1）车间直接加工成本

车间直接加工成本见表 2。

表 2　车间直接加工成本计算表

方法	每班产量/t	电费/（元/t）	人工费/（元/t）	折旧费/（元/t）	修理费/（元/t）			合计/（元/t）
					易损件消耗费	大修费	检修费	
冲旋法	50	5.60	0.90	0.80	2.70	5.00	1.00	16.00
对辊法	35	15.40	1.30	3.30	17.00		3.00	40.00

计算：

1）冲旋法制粉加工成本

电费 = 电单价 × 1t 粉所需单位能耗 = 0.7 元/（kW·h）× 63kW/（8t/h）= 5.6 元/t。

人工费 = 每班人员总工资/每班产量 = 1.5 人 × 30 元/（班·人）/（50t/班）= 0.9 元/t。

折旧费 = 加工设备年折旧/年产量 = 30 万元/10 年/（4 万 t/年）= 0.8 元/t（这里不考虑设备残值）。

易损件消耗费：包括粉碎刀片、分级刀片、衬板、弯头和筛网等消耗。

大修费：包括转子部件及其他费用。

检修费 = 大修费 ×20%。

2）对辊法制粉加工成本

电费 =0.7 元 /（kW·h）×110kW/（5t/h）= 15.4 元 /t。

人工费 = 1.5 人 ×30 元 /（班·人）/（35t/ 班）= 1.3 元 /t。

折旧费 =100 万元 /10 年 /（3 万 t/ 年）=3.3 元 /t（这里不考虑设备残值）。

易损件消耗费及大修费：主要指成品辊费用。

（2）每台设备可取得的车间加工收入及利润

每台设备可取得的车间加工收入及利润见表 3。

表 3　车间加工收入及利润（每台）计算表

单位：元

方法	1t 粉加工收入	1t 粉加工成本	1t 粉加工利润	年加工利润
冲旋法	45.00	16.00	29.00	1160000.00
对辊法	45.00	40.00	5.00	150000.00

（3）每台设备的投资回收周期

每台设备的投资回收周期见表 4。

投资回收周期 = 投资总额 / 年现金净利润。

年现金净利润 = 年使用该设备所获净利润 + 年使用该设备应计提的折旧费用。

1）冲旋法回收周期 =30 万元 /（119 万元 / 年）=0.25 年。

2）对辊法回收周期 =100 万元 /（25 万元 / 年）=4.00 年。

表 4　投资回收周期（每台）计算表

方法	年份	资金支出 / 万元		加工收入 / 万元	年现金净利润 / 万元	回收周期 / 年
		购买加工设备费用	加工成本			
冲旋法	第 1 年	30				0.25
	每年		64（其中折旧费 3）	180	119	
对辊法	第 1 年	100				4.00
	每年		120（其中折旧费 10）	135	25	

说明：同其他方法的比较参见本书《循环流化床锅炉使用高活性石灰石脱硫粉的经济效益评价》。

5. 结论

为满足燃煤脱硫的要求，石灰石的制取工艺和设备必须达到以下条件。除了原料选择正确、粉料脱硫活性好（一定要颗粒形貌好，比表面积大，粒度级配合适）外，制粉的加工成本一定要低。

循环流化床锅炉使用高活性石灰石脱硫粉的经济效益评价

电力工业在我国现代化建设中有着举足轻重的作用，但同时，大量燃煤电厂带来的烟气污染严重地影响和损害了我们赖以生存的环境。目前，在可持续发展和以人为本的思想指导下，环境保护显得尤其重要。

燃煤发电供热和煤炭资源的利用，是当前我国 SO_2 的主要来源。为控制 SO_2 量，循环流化床（CFB）锅炉燃煤技术在我国迅速发展，得到广泛应用。它能脱硫降硝，是避免高硫煤、煤矸石、石油焦等用于发电供热时产生环境污染的最佳方法。为发挥其优越性，必须配备石灰石脱硫粉。实践证明效果很好。电厂大机列锅炉的烟气脱硫也需要石灰石粉，其中湿法、半湿法和干法已取得良好效果，正在逐步推广应用。

1. 循环流化床锅炉对石灰石粉的要求 [1, 2]

循环流化床锅炉对石灰石粉主要有三条要求：①化学组成中，$CaCO_3$ 含量＞85%；②粒度组成在 0～2mm，级配应达到 Ahlstrom 公司、FW 公司要求或特定要求；③其活性执行 FW 公司和浙江省地质矿产研究所制定的标准。

为满足上述条件，必须做到以下三条。

1）认真选择原料，$CaCO_3$ 含量＞85%，SiO_2 含量＜1.5%，结晶度小。

2）粉体颗粒形貌好，比表面积大，粒度级配合适，保证脱硫高活性。

3）制粉加工成本要低。

此三条也就是选择制粉工艺和设备的基础。煤粉炉用脱硫粉的要求同上述一样，只是粒度为 –200 目左右。概括地讲，石灰石粉应是脱硫活性高、价格低。

2. 石灰石粉生产方式的比较

循环流化床锅炉石灰石脱硫粉的常用生产方式有棒磨法、雷蒙法、对辊法和冲旋法等。现将这些方式做如下比较（表 1）。

表1 循环流化床锅炉石灰石脱硫粉生产方法比较

项目			棒磨法	雷蒙法	对辊法	冲旋法
使用的设备			2100型棒磨机（美国制造，220kW）	4R型雷蒙机（70kW）	300型对辊机（美国制造，110kW）	ZYF430型冲旋制粉机（63kW）
产品质量	比表面积/（m²/g)		0.34	0.36	0.38	0.65
	活性级别		3级			2级
	粒级	范围/mm	0～1～2	0～1～2	0～1～2	0～1～2
		粒径<0.1mm粉占比/%	53	48	10	15～30
	颗粒形貌		光面，少裂纹	扁平光面，少裂纹	扁平，少裂纹	蜂窝状，多裂纹
产品产量/（t/h)			11	6	10	8
单位能耗/（kW·h/t)			20	13	11	8
加工成本/（元/t)			31	27	32	16
工艺设备使用可靠性			可靠性较好，对维修技术要求高，原料含水量<2%	可靠性较好，修理较困难，原料含水量<2%	可靠性较好，辊子耐磨性难以保证，加工费昂贵	可靠性好，原料含水量<6%
环保性			需特殊隔音防护	需特殊隔音防护，劳动环境差	粉尘大，劳动环境差	不需特殊防护，达到环保要求

注：①原料：石灰石（较硬），CaCO₃含量>85%。

②活性级别：按Ahlstrom公司标准，分5个等级，1级最好，5级最差。浙江省地质矿产研究所于1998年也拟定了活性等级，也分5级。

③粒级：按FW曲线、Ahlstrom曲线和CS曲线要求。

④形貌：根据扫描电镜照片。

⑤能耗和加工成本等计算时不包括原料准备和粉料外送。

⑥加工成本包括电耗、人工费用、折旧费用、大修费用4项。电价0.7元/（kW·h），折旧率10%，操作定员（三班总数）5人。

通过以上比较，可见冲旋法生产的产品质量好（属高活性粉）、成本低，工艺设备使用可靠性好，不需特殊防护即可达到环保要求。关于脱硫粉生产的技术经济比较，已详述于文献[1]。本文则着重阐述石灰石粉的重要特性——活性在脱硫使用中的技术经济比较。

3. 脱硫活性的经济效益分析

脱硫活性是影响钙硫比的一项重要因素。脱硫活性高，能降低钙硫比，减少石灰石粉用量，降低炉灰渣量等，可获相当可观的经济效益。拟做计算如下。

活性高的石灰石粉，如冲旋粉，同其他方法生产的粉，如雷蒙粉、对辊粉等相比，其比表面积要高 50%[（0.65m²/g）/（0.36m²/g）−1 ≈ 50%]，以为雷蒙粉例，其他近似，其吸收 SO_2 的能力可提高约 50%，经综合估算，这可使钙硫比减少约 0.2，即降低约 10%，由此可使石灰石粉用量减少约 10%，煤耗也随之降低约 0.2%（应用石灰石粉脱硫增加的煤耗为 2%）。

下面以 410t/h 循环流化床锅炉为例，进行技术经济效益分析（表 2）。此锅炉的煤年耗量为 50 万 t，石灰石的年耗量为 8 万 t。采用冲旋法，相应的年耗量减少情况是：煤 1000t，可节约 30 万元；石灰石粉 8000t，可节约 96 万元；合计节约开支 126 万元。

表 2　410t/h 循环流化床锅炉采用冲旋法年耗量减少情况

项目	煤年耗减少数	石灰石年耗减少数	合计
数量 / 万 t	50×0.2%=0.1	8×10%=0.8	
金额 / 万元	0.1×300=30	0.8×120=96	126

注：煤的单价按 300 元 /t，石灰石的单价按 120 元 /t 计算。

根据现状，循环流化床锅炉技术将迅速发展，高活性石灰石脱硫粉使用量也将剧增。因此，此项技术预计带来的年经济效益将超过 10 亿元。

4. 结论

1）循环流化床锅炉需要活性高、价格低的石灰石粉。

2）脱硫活性高，不仅能保证脱硫效果，还能降低煤耗，减少脱硫剂耗量，节约开支，降低脱硫成本，可取得可观的经济效益。

3）采用新技术、新装备生产高活性、价格低的石灰石脱硫粉是当前亟待解决的课题。

参考文献

[1] 常青，常森 . 石灰石脱硫粉生产的技术经济分析：工程建设与设计，2004（4）：82–83.

[2] 常森 . 循环流化床锅炉石灰石脱硫粉剂冲旋式制取技术 . 发电设备，1996（1）：29–33.

冲旋制粉机列及其产品高活性石灰石脱硫粉

冲旋制粉机列（ZYF 型和 CXL 型），能为循环流化床锅炉提供价廉质优的石灰石粉（冲旋粉），使其喷钙脱硫方式更显现出固有的先进性，尤为其充分利用劣质煤、煤矸石、石油焦等燃料于发电供热，创造良好的环保条件。

1. 冲旋粉的生产工艺

石灰石块原料（块径 ≤ 15mm）——→ 粉碎——→ 中间成品仓——→ 锅炉石灰石粉仓
　　　　　　　　　　　　　　（冲旋制粉机）　（机械或气流装置）　（罐车、气流输送）

2. 冲旋粉性能

1）粒级：（0～1～2mm）。按锅炉要求调节，符合一定的级配条件。

2）活性级别：2 级（按 FW 公司标准和浙江省地质矿产研究所标准检测），比别的方法制粉活性高 1～2 级（表 1）。

3）颗粒形貌：表面呈蜂窝状，多裂纹（扫描电镜测定）；形貌好，比表面积大；同 SO_2 接触面大，热暴露性能好，脱硫反应完善，脱硫粉利用率高（表 1）。

4）加工成本：机列直接加工成本 16 元/t（表 1）。

表 1　循环流化床锅炉石灰石脱硫粉各种生产方法比较

<table>
<tr><th colspan="2">项目</th><th>棒磨法</th><th>球磨法</th><th>振动棒磨法</th><th>雷蒙法</th><th>对辊法</th><th>冲旋法</th></tr>
<tr><td rowspan="5">产品质量</td><td>比表面积 /（ m^2/g ）</td><td>0.34</td><td>0.26</td><td>0.37</td><td>0.36</td><td>0.38</td><td>0.65</td></tr>
<tr><td>活性级别</td><td>3 级</td><td colspan="2">中 3 级</td><td></td><td></td><td>2 级</td></tr>
<tr><td>粒级 范围 /mm</td><td>0～1～2</td><td>0～1～2</td><td>0～1～2</td><td>0～1～2</td><td>0～1～2</td><td>0～1～2</td></tr>
<tr><td>粒级 粒径 <0.1mm 粉量</td><td>53%</td><td>40%</td><td>45%</td><td>48%</td><td>20%</td><td>15%</td></tr>
<tr><td>颗粒形貌</td><td>光面，少裂纹</td><td>扁平光面，少裂纹</td><td>光面，少裂纹</td><td>扁平光面，少裂纹</td><td>扁平，少裂纹</td><td>蜂窝状，多裂纹</td></tr>
<tr><td colspan="2">产品产量 /（t/h）</td><td>11</td><td>12</td><td>4</td><td>6</td><td>10</td><td>8</td></tr>
<tr><td colspan="2">单位能耗 /（kW·h/t）</td><td>20</td><td>20</td><td>27</td><td>13</td><td>11</td><td>8</td></tr>
<tr><td colspan="2">加工成本 /（元/t）</td><td>31</td><td>28</td><td>40</td><td>27</td><td>32</td><td>16</td></tr>
</table>

续 表

项目	棒磨法	球磨法	振动棒磨法	雷蒙法	对辊法	冲旋法
工艺设备使用可靠性	可靠性较好，对维修技术要求高，原料含水量<2%	可靠性好，原料含水量<2%	可靠性较好，对维修技术要求高，原料含水量<2%	可靠性较好，修理较困难，原料含水量<2%	可靠性较好，辊子耐磨性难以保证，加工费昂贵	可靠性好，原料含水量<6%
环保性	需特殊隔音防护	劳动环境很差	更需特殊防尘隔音防护，劳动环境差	需特殊隔音防护，劳动环境差	粉尘大，环境条件差	不需特殊防护，达到环保要求

注：①各制粉法所使用的设备是：2100 型棒磨机（美国制造，220kW）、1800 型球磨机（240kW）、600 型振动棒磨机（110kW）、4R 型雷蒙机（70kW）、300 型对辊机（美国制造，110kW）、CXL630 型冲旋制粉机（110kW）。

②原料：石灰石（$\sigma_b \leq 40MPa$），$CaCO_3$ 含量 > 85%。

③活性级别：按 Ahlstrom 公司标准，分 5 个等级，1 级最好，5 级最差。浙江省地质矿产研究所于 1998 年也拟定了活性等级，也分 5 级。

④粒级：按 FW 曲线、Ahlstrom 曲线和 CS 曲线要求。

⑤形貌：根据扫描电镜照片。

⑥能耗和加工成本等的计算不包括原料准备和粉料外送。

⑥加工成本包括电耗、人工费用、折旧费用、大修费用 4 项。电价 0.7 元 /（kW·h），折旧率 10%，操作定员（三班总数）5 人。

3. 冲旋制粉技术使用业绩

基于上述突出性能，冲旋粉首先在电厂锅炉的实际应用中取得良好效果。

1）浙江某公司 2003 年建成 1 个石灰石粉生产车间，设置 3 台 ZYF430 型和 1 台 ZYF600 型机列，为 220t/h 和 410t/h 循环流化床锅炉供应高活性脱硫粉，使用效果很好。

2）广东某公司 2005 年建成 1 个石灰石粉生产车间设置 2 台 ZYF600 型机列，提供高活性石灰石脱硫粉，效果良好。

3）上海某公司 2006 年建成 1 个石灰石粉生产车间，已投产 2 台 ZYF600 型机列，预留第 3 套机列的公用设施。

4）山东某电厂 2006 年投产 1 台 ZYF600 型机列，脱硫效果很好。

5）山东某石料厂 2006 年建成 7 台 ZYF600 型机列，为周围电厂、化工厂等提供脱硫粉，使用效果良好。

6）山东某热电厂 2007 年建成 CXL630 型机列，投产后使用效果良好。

7）山西某热电厂 2006 年建成 ZYF430 型机列 2 台，生产自用脱硫粉，效果良好。

8）山西某公司 2 台 130t/h 煤矸石循环流化床锅炉用冲旋粉，脱硫率＞85%，SO_2 排出浓度和排放量及对周边影响均达到环保标准（2001 年 9 月测定）。该公司石灰石粉车间使用我方提供的 2 套 ZYF430 型机列，专门生产自用的冲旋粉，并向外销售。

典型用户详见表 2。

表 2　典型用户表

单位名称	机型	数量
山西某公司	ZYF430	2 套
山西某热电厂	ZYF430	2 套
某石化公司	ZYF430	3 套
	ZYF600	1 套
山东某公司	ZYF600	1 套
浙江某公司	ZYF330	1 套
	ZYF430	3 套
	ZYF600	2 套
	CXL630	3 套
山东某矿粉厂	ZYF600	7 套
山东某公司	CXL630	1 套
广东某公司	ZYF600	2 套
上海某公司	ZYF600	2 套
江苏某化工厂	ZYF430	1 套
四川某发电厂	CXL630	2 套
福建某公司	ZYF430	1 套
广州某企业	ZYF430	1 套
广西某公司	CXL1500	2 套
浙江某公司	ZYF600	1 套
浙江某公司	ZYF600	1 套
浙江某公司	ZYF600	1 套
杭州某材料厂	ZYF430	2 套
丽水某粉末厂	ZYF300	1 套
浙江某公司	CXL630	1 套
其他	ZYF430	2 套
合计		45 套

注：本表统计截止时间 2008 年 5 月 20 日。

用于其他行业的冲旋粉，如有机硅用硅粉、医药用铸铁粉、二氧化锰电池粉等，也同样呈现与众不同的突出性能；其中最重要的是参与化学反应的活性好，生产能耗低、成本低和环境状况好。

4. 冲旋制粉的工艺流程

冲旋制粉技术拥有两种流程：冲旋气流式（配设 ZYF 型机列）和冲旋机流式（配设 CXL 型机列）。

（1）冲旋气流式工艺流程

冲旋气流式工艺流程如图 1 所示，从原料块到成品，经过上料、给料、粉碎、分离、筛分、收集等一系列工序，使用原料选择、冲旋粉碎、强韧耐磨、旋流分级、概率筛分、风力分选、负压运行、气力输送、流化运送、料流启闭、多点调控和多位检测等 12 项新技术，汇总成一套精练的、自动控制式生产工艺流程。该流程的理论基础就是高脱硫活性成型机理。该流程的特点为：冲旋粉碎和气力输送。

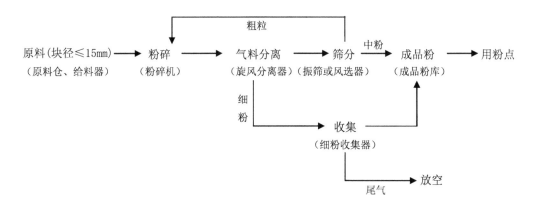

图 1　冲旋气流式工艺流程和主要设备组成

（2）冲旋机流式工艺流程

冲旋机流式工艺流程如图 2 所示。它同上述流程不同之处在于，将气力输送改为斗提机运送；取消了旋风分离、布袋收尘和相应的机电设备，降低了能耗，增加了产品粉粒度，提高了产量和易损件的使用寿命，弥补了冲旋气流式工艺流程的不足之处。

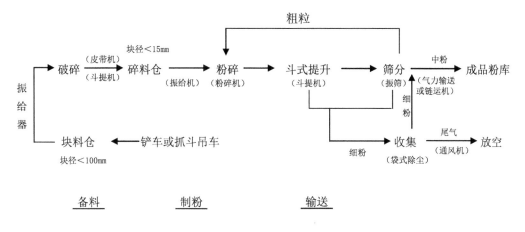

图 2 冲旋机流式工艺流程和主要设备组成

（3）成型机理

成型机理阐明冲旋制粉方法、赋予石灰石粉高脱硫活性的道理。简单地讲，就是在粉碎过程中，使其获得相应的外部颗粒形貌和内部组织结构，使之成型，从而拥有高脱硫能力。其实质就在于顺应石灰石的组织结构特性施行粉碎，产生以抗拉为主的脆性应变，裂纹急速发育，沿着形成的网格开裂，料块碎裂成粉末，获得比表面积大的颗粒形貌和裂纹充分发育的组织结构，使石灰石（主要成分为 $CaCO_3$）的天然碱性得到发挥，显示对酸性物质（SO_2）的化合能力，遵循气 – 固两相反应规律，生成中性的 $CaSO_4$；同时，粒度级配和热暴露性又适合循环流化床的燃烧脱硫。将此机理应用于实际，改善了粉碎方式，增强了冲旋粉脱硫活性，降低了单位能耗，提高了产能。

为验证成型机理，对冲旋粉进行了一系列测试，其中包括比表面积、颗粒形貌、分形维数、脱硫活性和单位能耗五项，并将所得结果列于表 1。

5. 冲旋制粉机列的设备组成

冲旋气流式工艺的设备组成如图 1 如示。机列按序实施 12 项新技术，配置相应的单机，满足工艺要求，生产出合格产品，并因此具有一系列特点。①制粉机汇集冲旋粉碎、旋流分级和气力输送于一体；②耐磨刀片强韧，寿命长，更换方便；③振筛、风选器实现概率分级；④高压离心风机形成气力传输、负压运行，再加流化运送，达到机电一体化，保证工艺过程顺畅。

冲旋机流式工艺中，则利用普通离心风机，保持机器内部负压运行。

冲旋制粉机的分类目前有 2 种。①按气流式工艺分，有 ZYF300 型、ZYF330 型、ZYF420 型、ZYF430 型、ZYF600 型。ZYF600 型是在总结各机型优缺点的基础上，采用变频调速、自动控制和在线检测等新技术，性能和结构较优。②按机流式工艺分，有CXL630 型、CXD880 型、CXL1500 型。

6. 冲旋制粉机列的技术特点和性能参数

综合前述制粉工艺和设备技术，再对照常用的制粉方法，得到本技术的特点，概括如下。

1）冲旋粉碎：①冲击随气流回旋的物料，使其先沿直线飞行，继而转为螺线外送，行程最短，产量高，过粉碎少；②用高硬韧刀片高速冲击物料，实现冲旋粉碎，保证石灰石粉颗粒单体的高脱硫活性和粉碎过程的低能耗；③风选分级，直接挡回粗粒，再粉碎。

2）旋风分离：改变内涡流，提高收集效率。

3）筛风分级：①准概率筛筛分，保证成品粉中有一定量的粗粒；②风力分选器代替机械筛分，结构更加紧凑。

4）料流启闭：出料口的自动启闭器结构简单，效能很好。

5）负压传输：①风压、风量易调节；②输送同除尘结合；③劳动操作环境良好。

6）流化运送：成品粉流态化输送，保持高效和环境良好。

7）粒度级配可调：①满足不同的要求，可随锅炉炉况调节；②使粉料获得最佳粗细粒组合，使粉粒群体最有利于发挥高脱硫活性。

8）多点调控：给料量、风量（风压）、粒度、负载均可调控。集中和分散控制均可。

9）多点监测：原料质量、产品粒度、产量、分级效果和料流等均可随时监测。

由上述特点获得的制粉机的性能参数如下。

1）原料块：块径 ≤ 15mm。

2）产品粒度：总范围 0 ～ 2mm，可按要求调整粒度级配，达到如 Ahlstrom 曲线、FW 曲线、CS 曲线要求；中径 0.1 ～ 0.5mm。

3）产品活性：按 FW 公司和浙江省地质矿产研究所标准（脱硫活性分 5 级，1 级最高），达到 2 级。

4）产能：6～35t/h，年产 3 万～30 万 t，适用于 CFB 锅炉。小规格制粉机 2.5 ～ 6t/h，适用于小锅炉。

5）直接加工成本：约 16 元 /t［电价 0.7 元 /（kW·h）］。

6）环保状况：达到国家标准。

上述性能参数，已经过生产实践考核。这说明石灰石冲旋粉具有高脱硫活性，完全适用于 CFB 锅炉的燃煤脱硫，并取得良好的技术、经济、社会效益。本机列同样可生产细粉，满足煤粉炉的脱硫要求。

7. 各种制粉方法的比较研究

CFB 锅炉石灰石脱硫粉的生产方法可归纳为六种：棒磨、球磨、振动棒磨、雷蒙磨（轮碾）、对辊和冲旋。根据国内外文献、试验和生产实践提供的资料，将它们的技术经济参数汇总于表 1。以该表为基础，进行对比分析，得出冲旋法拥有优越性，分述于下。

1）产品质量好：粉粒形貌好，比表面积大（较其他方法大 50% ～ 150%），活性高（较其他方法高 1 级以上），粒度级配易调。

2）单位能耗低：每吨粉生产能耗比其他方法低 30% ～ 60%。

3）加工成本低：加工成本只有其他方法的 50% ～ 60%。

4）设备技术经济性能好：产量高，组成简单，维护方便，耐用可靠，清洁安全，环保达标，投资费用低。

5）工艺流程简单实用：物流顺畅，工序紧凑，操作简便，调整灵便，检测方便。

从上述国内外制粉方法的比较中，可得出如下结论。

冲旋制粉技术（包括工艺和设备）的技术经济指标均优于其他 5 种生产方法，可获得更高的技术、经济和社会效益。

8. 充分发挥优势，提高单机产能

冲旋制粉技术拥有自己独特的优势，已采取相应措施大幅度提高其单机产能和各项指标。

1）改气流式工艺为机流式工艺，使产品粒级组成变粗，减少细粉（粒径＜ 0.1mm）量至 ≤ 15%。随之提高产量。可利用：①粒度同粉碎速度的非线性响应关系。②石灰石软硬性能同选择性粉碎特性的关系。

2）降低能耗：利用石灰石的分形结构特点，选取最佳粉碎速度，使粉碎单位能耗达到 5kW·h/t；以机流式工艺代替气流式工艺，使制粉生产线单位能耗达到 6kW·h/t。

3）采用合金堆焊粉碎刀片，使其寿命达到 1000h 以上，降低钢耗和易损件费用，减少停机时间。

4）保持良好的环保性能。

综合上述措施，将单机产能提高到 35 ～ 40t/h。

9. 结束语

经过几年的奋斗，ZYF 型和 CXL 型冲旋制粉机列的相关研究成果获得 2003 年浙江省科学技术进步奖，并定为国家重点新产品。可以得出以下结论。

用于高活性石灰石粉生产的 ZYF 型和 CXL 型冲旋制粉机列（设备和工艺）已经达到适用、可靠、经济的水平，工艺先进、设备实用稳定、产品（冲旋粉）质优价廉，拥有最佳的技术经济优势，在循环流化床锅炉脱硫上获得显著成效，为循环流化床锅炉的推广应用提供有力的支持，为我国环保产业发展贡献一份力量。

石灰石脱硫粉品质的技术经济评述

循环流化床（CFB）锅炉是一种清洁利用煤炭的设备。随着对环保要求的日益提高，对 CFB 锅炉脱硫方法和脱硫剂的研究越来越受到人们的重视。对石灰石脱硫剂的研究特别值得关注，这种脱硫剂价格低廉，且具有很好的脱硫性能。笔者从事脱硫粉研究工作多年，了解石灰石及其粉体的物性，认为要充分和最大限度地发挥石灰石的活性，提高其脱硫效能，关键在于提高脱硫粉的品质及完善其制取技术。而这些正是容易被忽视之处，有必要着重阐述。

1. 石灰石脱硫粉品质

（1）石灰石脱硫粉的基本类型

可用于脱硫的石灰石粉有多种生产方法，根据制粉原理分，基本分为三种：冲旋粉、辊磨粉和对辊粉。冲旋粉是冲旋法生产的，采用板形刀和气流双重冲击，属拉裂粉碎获得的。辊磨粉是辊轮（包括立式、卧式）研磨制取的，属压研粉碎获得的。对辊粉则是成对辊相向旋转挤压研碎获得的。

（2）石灰石脱硫粉的品质指标

主要技术经济品质指标有脱硫活性、粒度、能耗、成本、环保性等。三种粉的技术经济品质指标分列为粉剂质量、粉剂生产工艺性能和使用性能两部分，详见表1、表2。

表1　粉剂质量

粉剂	比表面积		脱硫活性	粒径 /mm	粒径＜0.1mm 粉占比 /%	颗粒形貌
	绝对值 / (m²/g)	相对值				
冲旋粉	0.65	1	2 级	0～2	15	蜂窝状，多裂纹
辊磨粉	0.40	0.62	3 级	0～2	25	扁平状，多光面
对辊粉	0.38	0.58	3- 级	0～2	25	薄扁形，光滑

注：①比表面积相对值能较准确地说明脱硫活性的差别。设冲旋法为1。
②活性级别：按 Ahlstrom 公司标准，分5个等级，1级最好，5级最差。
③粒径：按 AM 曲线、FW 曲线和 CS 曲线要求。
④形貌：根据扫描电镜照片。

表 2　粉剂生产工艺性能和使用性能

粉剂	单位能耗 /（kW·h/t）	工艺设备使用可靠性	环保性	脱硫效果	粉剂使用经济核算	钙硫比相对降低值 /%	粉剂耗量减小值 /%	煤耗下降量 /%
冲旋粉	9	好	达标	良好	节约型	20	20	0.4
辊磨粉	14	好	达标	一般	普通型	0	0	0
对辊粉	25	好	较差	较差	超支型	−10	−10	−0.2

2. 脱硫粉品质对脱硫效果的影响

（1）粉粒的表面形貌

粉粒的多棱和蜂窝状的表面自然比光滑扁平的表面的比表面积大 [1]。拉裂的粉粒比压碎的粉粒疏松，表面粗糙，参与化学反应的效果更好。

物料受力作用后状态各异，表面形貌相差甚远。根据分形理论，物料受力引发的裂纹长度和缝隙大小以分形维数表示，同应力比成正比。所谓应力比，就是应力同物料强度之比，即拉裂时，其拉应力同抗拉强度之比；若是压裂，则是压应力同抗压强度之比。石灰石的抗拉能力只有抗压能力的 10%，所以拉裂粉碎的应力比要比压裂粉碎的应力比大。由此获得的粉剂具有较高的分形维数，裂纹长度更长，比表面积更大。经实测，分形维数一般在 2 ~ 3 间，分维大的靠近 3，小的贴近 2。冲旋粉是拉裂粉碎获得的，分形维数自然比辊磨粉要大。其数值的变化与钙硫比相对应。

（2）粉粒的比表面积

脱硫是石灰石和 SO_2 间的气 – 固两相化学反应，它的反应速率和固体表面积的平方成正比 [2]。对 CFB 锅炉而言，为提高脱硫率，采用高比表面积石灰石粉有效而实用的措施。但是人们往往认为只要是石灰石粉，其 $CaCO_3$ 含量合格、粒度适中就可以了。殊不知粉剂的品质，尤其是表面结构对脱硫效果有着极大的影响。

理论和实践都说明，拉裂制取的粉料比压裂的比表面积要大，即冲旋粉较辊磨粉拥有较大的比表面积。关键的一点是，冲旋粉中粗、细颗粒的比表面积相差不大。这是因为粗粒比表面积小、内部裂纹多；而细粒比表面积大，内部裂纹少。表 1 中比表面积的相对值可作为选粉依据。冲旋粉的这一特点使其能很好地配合锅炉操作系统，不至于因粒度限制流化速度，造成负面影响，降低锅炉出力和增大脱硫粉损耗。

（3）粉粒的脱硫活性

为鉴别脱硫粉质量，FW 公司制定了脱硫活性分级标准（表 3）。其采用的装备是模拟生产实际情况的小流化床锅炉。我国某公司也自制类似装备进行测试，制定的标准有自己的特色。

表 3　脱硫活性等级表

等级	反应能力指数 RI	吸收能力指数 CI
优秀 1 级	< 2.5	> 120
良好 2 级	$2.5 \sim 3.0$	$100 \sim 120$
中等 3 级	$3.0 \sim 4.0$	$80 \sim 100$
一般 4 级	$4.0 \sim 5.0$	$60 \sim 80$
差劣 5 级	> 5.0	< 60

反应能力指数（RI）实质是钙硫比的体现，即钙和硫的物质的量（以 mol 为单位）之比。吸收能力指数（CI）则表示 1kg $CaCO_3$ 能吸收的 SO_2 质量（以 g 为单位），将脱硫粉活性体现为实际的脱硫能力，说明了脱硫粉的品质与脱硫效果和脱硫剂消耗量的相关性。

国内外已有各类实验从不同角度表明脱硫效果同脱硫粉的比表面积的关系。比如，脱硫反应速率同脱硫粉的比表面积的平方成正比 [2]，钙利用率增大值同脱硫粉的比表面积增大倍数的平方根成正比 [3] 等。正因为冲旋粉比表面积大、活性高、能耗低，所以在脱硫过程中能取得较佳的效果，得到较好的经济和社会效益 [7]。

（4）粉粒的粒度和晶粒度

脱硫效果与脱硫粉的粒度有很大的关系。粒度应可随着炉况调节，要机动灵活。而一般要求细粉（粒径< 0.1mm）含量< 20%。除冲旋粉外，另两种粉较难满足对粒度的这些要求，往往会引起制粉设备产能的大幅度下降，并由此引出粉剂利用率低和能耗高的弊病，降低了其技术经济效益，增加了锅炉操调难度。这些"负面效能"较难弥补。

晶粒度表征晶粒粗细和球形度。冲旋粉碎使晶粒细化，晶粒各向尺寸相近；粉碎使晶粒的内能增大，极有利于提高继后的反应活性。

3. 脱硫效果的实例分析

（1）粉耗和煤耗

某小型热电厂石灰石脱硫粉年需要量为 15 万 t。拟选用冲旋法或辊磨法生产自用脱硫粉，比较如下。

1）两种粉活性不同，钙硫比相差 20%（已述于前）。两种粉的钙硫比可分别设为：冲旋粉 2，辊磨粉 2.5。两种脱硫粉耗量相差 20%，冲旋粉年耗量少 $15 \times 10^4 t \times$

20%=3×10⁴t；设粉价为 100 元 /t，年经济效益达 3×10⁴t×100 元 /t=300 万元。

2）粉量减小，锅炉煤耗也随之下降。经测算，由脱硫粉引起的 CFB 锅炉煤耗约增大 2%。粉耗下降 20%，煤耗则减小 0.4%，年约 5000t。设煤价为 400 元 /t，年经济效益达 200 万元。

因此，若脱硫粉品质高，每年可至少节约 500 万元。

（2）单位能耗

冲旋粉和辊磨粉两种粉能耗相差 55%，使用冲旋粉每年可节约 30 万元［按电价 0.4 元 /（kW·h）计］。

使用冲旋粉同辊磨粉相比，以上两项经济效益每年达 530 万元。

（3）社会效益

目前对脱硫的要求日趋提高，努力增强脱硫效果已成为人们关注的重点。所以，采用高活性脱硫粉应为上选。制备高品质石灰石脱硫粉，充分开发石灰石的天然脱硫秉性，就能获得最佳效益。冲旋粉正好拥有这种特性。

冲旋粉不仅经济效益好，而且节能、成本低，具有获得良好的社会效益的基础。

（4）冲旋粉制备维护费用

冲旋制粉技术使用锤刀（板形刀）粉碎物料。锤刀是主要易损件，1 副锤刀计 48 块（其中 16 块备用），可用 2 个月（全天工作、石灰石质量好），即 1000 多 h。按冲旋制粉机产能 20t/h 计算，1 副锤刀可生产冲旋粉 20×1000=20000t。使用期间，需要按磨损程度调整锤刀方位。

1 副锤刀总重 150kg，单价 30 元 /kg，价值 5000 元，能生产 20000t 粉，则成本为 0.25 元 /t；一年需用 6 副锤刀，即 3 万元。易损件中，衬板等损耗不大，再加人工费，一年维修费约为 8 万元，同辊磨法相当。但是，冲旋法设备检修简便。

4. 脱硫粉品质与炉内脱硫过程分析

循环流化床锅炉的炉膛呈竖直状，高达数十米，燃料（煤、煤矸石、石油焦等）在其中流化燃烧，温度高达 800～1000℃。脱硫剂（石灰石粉）被压送入炉膛，随燃料向上流动，同时与 SO_2（包括 SO_3）化合，生成 $CaSO_4$ 和 $CaSO_3$。其反应方程式为：

热解 $CaCO_3 \longrightarrow CaO+CO_2$

硫化 $CaO+SO_2+\frac{1}{2}O_2 \longrightarrow CaSO_4$

反应生成物为硫酸盐，呈固体状，被收集进灰渣斗。石灰石粉这种含 $CaCO_3$ 的固

体粉末同 SO_2 这种有害的气体化合，将硫固定在 $CaSO_4$ 和 $CaSO_3$ 这些物料中，达到脱硫的目的。在整个过程中，冲旋粉如何表现出高脱硫活性？

1）粒度级配顺应燃料流化燃烧状态，充分发挥粗细粉的脱硫作用。锅炉高高的炉膛（即流化床）内煤在流化态下燃烧，粗粒在下，细粒在上。石灰石粉进入炉膛后，细粉上升得快，粗粒则慢些，并在上升过程中因脱硫而逐渐被消耗，变成粗粒在下、细粉在上，同煤相对应。粗粒煤放出较多的 SO_2，粗粒石灰石粉比表面积大，能捕获较多的 SO_2。细粒煤产生 SO_2 的速度同细粒石灰石粉吸收 SO_2 的速度也正好相当。所以，粗、细粉都取得相同的脱硫效果。

2）颗粒形貌强化了脱硫活性。石灰石粉比表面积大，可吸附较多的 SO_2。气–固两相反应从颗粒表面开始，逐步向中心推进，属于缩核反应型，生成的 $CaSO_4$ 或 $CaSO_3$ 呈薄膜状，粘在石灰石粉粒表面。由于 $CaCO_3$ 的热解速度比 CaO 的硫化速度要慢得多，所以只在石灰石粉粒表面生成薄薄的一层 $CaSO_4$ 和 $CaSO_3$，而石灰石粉粒内芯仍暂是 $CaCO_3$。随着颗粒的运动，$CaSO_4$ 和 $CaSO_3$ 膜被擦落，露出新表面，再继续反应。但是如果 $CaSO_4$ 和 $CaSO_3$ 膜没能脱落，会烧结成硬壳，阻断气–固反应，石灰石粉粒就处在被"烧死"的状态。尤其是当床温偏高时，往往造成脱硫效果差，脱硫剂单耗高。而冲旋粉能大幅度减少甚至避免"烧死"状态的出现。其结壳后，颗粒温度未变，内部产生的二氧化碳气体可使裂纹发育良好的颗粒崩裂，振脱外壳，露出更多新表面，再行气–固反应，直至耗尽。概括地讲，石灰石脱硫属气–固两相缩核反应，要经历下述几个阶段：①石灰石热散（热解和扩散）；[5] ②吸附 SO_2；③经气–固两相化合反应形成 $CaSO_4$ 和 $CaSO_3$ 薄膜；④薄膜解吸（脱落）；⑤烧结（结壳）；⑥热裂。冲旋粉因具有良好的形貌，在锅炉炉膛内能吸附更多的 SO_2，保持高脱硫活性。而另一些方法生产的粉形貌差，SO_2 的吸附量小，易结壳"烧死"。

5. 结语

冲旋制粉技术使石灰石脱硫的天然特性获得充分开发利用。为获得脱硫过程的低钙硫比和满足不断提高的环保要求，应进一步提高石灰石脱硫水平。冲旋粉以优良的品质获得大众认可。

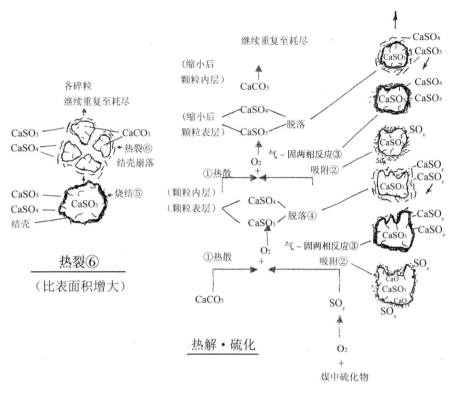

图 1　石灰石粉粒脱硫过程

参考文献

[1]　常森.循环流化床石灰石脱硫粉剂冲旋式制取技术.发电设备,1996(11):29-33.

[2]　陈志刚,黄晶,依成武,等.钙基脱硫剂微观结构特性对烟气脱硫的影响研究.安徽农业科学,2007(35):11352-11353,11363.

[3]　侯波,祁海鹰,由长福,等.用于中温烟气脱硫的新型钙基脱硫剂.工程热物理学报,2004(1):159-162.

[4]　廉慧珍.思维方法和观念的转变比技术更重要之一:传统思维和从众思维对混凝土技术进步影响.商品混凝土,2004.

[5]　寇鹏,武增华,李亚栋,等.颗粒尺寸对钙基固硫剂的固硫反应影响规解.燃料化学学报,2000,28(6):503-506.

附　录

初　心
——求学·成才·志向

　　求学是我一生中最具生气的一段往事，从无知到懂事、为人与成才，动静最盛。我生于20世纪30年代，正值动乱时期。初小在抗日战争中断续读完。我们常逃难在乡间，难以求学。抗战胜利后，从处州小学毕业，考入处州中学初中部，后考入处州中学高中部。1951年高中毕业，参加全国统考，进入浙江大学电动机专业。1952年经学校选拔，到北京俄语专科学校留苏预备部培训，准备到苏联学习，先进行8个月的俄语学习、政治学习，再经审查、德智体考核，被国家保送出国，就读于苏联乌拉尔工学院（现为乌拉尔大学）冶金工厂装备专业。1958年学成回国，参加大规模的冶金工厂建设。求学至此，暂告一段落。

　　回忆起学习期间的往事，仿佛耄耋老人重返青春少年时代。

1. 老师的教诲

　　初中时，级任先生（现为班主任）郑凤钧老师对我的影响较大。他潜移默化地让我知道自己的能力，提高自信心；使我觉悟，很快地提高学习成绩，直至成为初中部学习成绩第一名和获得校长奖学金。他亲自批阅我的日记，回答我的问题，在学年评语中写道："该生品学兼优。真是出乎意料！"这让我知道自己虽然家境贫寒，身体较弱，但是能取得好成绩的。从此，我丢掉自卑感，不辜负郑老师的鼓励，认真学习，积极锻炼，获得实效。

2. 思想的进步

　　进浙大学习，我的心情很好。全部学习和生活费用由国家承担，自己只需准备零用钱。学校的伙食比我在家时好很多，营养丰富了，我长胖了许多。人们说："常森像饭锅冒蒸汽——开锅了一样。"我还喜欢体育锻炼，于是长成了一个：高1.6米、重55公斤的"矮健"小伙子。这种身高体重在当年不算差了，再加上挺胸、拔背和三角腰，我显得相当健康，唯一美中不足的是腿短了点！

　　身体好了是一方面。更重要的是，考上浙大就能平静地学习，看得见前景，能参加新中国建设。从前穷孩子的生活基本是：第一年死啃书本，第二年买药，第三年买痰盂，第四年买棺材（只身体差）。即使毕业了，拿着名校文凭，也不过当个小职员，勉强维持生活。旧社会就是如此。在旧社会，即使我自中学开始立志求学成才，想当个工程师，拼出九牛二虎之力，但没有背景，也只能维持低微的生计。这让我感悟到社会对人生的影响，应该同社会联系起来思考人生，只有在新社会，个人才有出路。个人、家庭和社会紧密相关，个人应该跳出小圈子，立志为新社会而努力，要向共产党、共青团（当时为新民主主义青年团）靠拢。经努力，我很快就加入共青团。按照党的要求，共青团员应该在德、智、体三方面努力，成为三好学生，努力学习、锻炼身体、做好社会工作。

3. 留苏学习

1952 年 5 月，浙大接到教育部通知，选拔留苏学生，其中有我。我先赴上海进行学业考试，后到北京留苏预备部报到，10 月开始俄语和政治学习，8 个月后学习结束，进行考核、审定和学习赴苏礼仪。我俄语学得较好，能简短对话；体育测定 5000 米、短跑成绩均佳；体检只有轻度沙眼，其他均合格；政治思想进步。经组织批准，我由国家保送出国留学。我们这批青年学子于 1953 年 9 月坐专列集体赴苏，被分配到各校学习。我被分配在苏联的重工业区斯维尔特洛夫斯克城（现叶卡捷琳堡）乌拉尔工学院（现乌拉尔大学）冶金工厂装备专业（五年制）。1958 年学成回国，获苏联工程师学位（相当于硕士学位），成绩全优，我的半身照被挂在该校优秀生室内。

五年学习期间的回忆太多了。择有意思的留下文字记录吧。

（1）友好的苏联人民

学校老师、工厂师傅、普通市民对我们很友好，说我们年轻懂礼貌。老师们精心教学、释疑，并帮助我们解决困难。我们进食堂、去商店，都受到热情接待。我们进工厂参观不用介绍证明，只要说"中国人"就可以。在苏联，随处能感受到友好的氛围。

（2）我们的学习生活

课程学习采取集体听课（大课）、分班辅导（小课）的方式。最初，难的是上大课，老师讲，学生自己记，没有讲义。老师不带课本，只拿着两支粉笔，在黑板上扼要地写上提纲。我们要听懂、快速记笔记，否则就跟不上。因此，俄语水平起了重大作用！上大课，语言和内容同时为难我们。为了闯过这一关，我采用两条办法：①到图书馆找相似的课本，带上字典，找内容相近的一页页看下去，把专用语记下来（背熟），理解好内容，并补上课堂上听不懂的部分。高等数学、普通物理这些理科课程的用语范围有限，记熟它，就能较好地理解老师讲的内容。②多同苏联同学来往，整天在俄语氛围内，听和讲的能力提高很快。很快，人家都说我像俄罗斯人了。再加爱好文学，我借来俄国诗人普希金、马雅可夫斯基的诗作，抄下经常读。半年后，我的俄语运用就相当自如了。直到 2007 年我再次访俄，仍能对话如初。俄国朋友感到惊奇，我答复："（因为我）经常念俄语诗。"

（3）讲究哲学

三年级开展哲学学习。老师们认为科技发展必须有哲学指导。研究生首先必修马克思主义哲学。此课程对我有很大影响。我原来就喜欢哲学，现在兴趣更浓了，用哲学指导学习的信心更强了。这对之后专业的学习与应用产生了极重要的作用，在我发表的论文里和出版的书里都闪耀着哲学的光芒。

（4）实践教学

学校很重视实践教学，三年级开始上专业课及工厂实习，暑假期间也安排了工厂实习。我去过好几个大冶金公司，随师傅学习实际生产与维护操作，帮着扛氧气瓶、瓦斯瓶，切割、锉磨都干，并跟着倒班，将书本上的理论同实际相对照，加深理解。在老师和师傅们的帮助下，我完成的毕业论文理论和实践均佳，被评为"优秀"等级。

（5）体育课的经历

一、二年级每周有体育课，每次两小时。夏秋季没下雪，在运动场上课；春冬季积雪，在滑雪基地上课。在运动场的训练项目为：5000 米绕跑道作准备运动，接下去做体操、田径运动。5000 米跑下来够吃力，不过，我没落在苏联同学后边。待到百米赛跑，我占优势，以 12 秒成绩独占鳌头。可是第一节春冬季的滑雪课上，我这个中国南方人洋相毕露：脚上绑上雪橇后，真是寸步难行，勉强迈步就滑倒，别说比赛，连在雪上行走都困难。老师就指定一位苏联同学带着我慢慢学，其他同学都跟着老师滑向原野的深处。一节课下来，我下定决心："我非要学会滑雪，不能给中国学生丢脸，人家能行，我也能行！"随后，我买了 1 副雪橇，周日没课时便带上雪橇到大森林练滑雪。2 个月后，我不但能跟上同学，而且可滑行 25000 米，考试及格了。掌握冬季运动方式不单为争气，更重要的是可弥补冬季运动量的不足，保持充沛的学习精力。所以，直到毕业回国前，我一直坚持滑雪锻炼。临别时，我将雪橇送给苏联同学留念。

（6）参观学习

学校和我们的学生会组织暑期旅游，带领同学们到列宁格勒（现彼得格勒）、斯大林格勒（现伏尔加格勒）、莫斯科参观，沿伏尔加河游览。我利用唯一可以参加集体活动的大二暑假，去这些地方参观和学习。

列宁格勒在俄罗斯北方，当时是苏联的首都。十月社会主义革命首先发生在此城，冬宫作为当时的政府所在地，是主攻对象。冬宫外表并不高大，可里边真是富丽豪华，金碧辉煌。在列宁格勒参观的过程中，我们了解到新社会是怎么来的。

接着，我们来到斯大林格勒。它是苏联较靠南的一个"英雄"城市，也是国内战争，第一、二次世界大战等的战略要地。我们到战斗最激烈的"马马叶夫"高岗实地察看。该高地面积约一平方千米，站在岗上可以看到：岗底一侧是两条铁路交会的交通枢纽，而另一侧是斯大林格勒全城，由此可见此高岗的战略地位。二战时，法西斯德国军队和苏联红军在此展开了殊死搏斗，经残酷的拉锯战，双方死伤惨重，在这约一平方千米的土地上死伤约 20 万人。10 多年后，当我们站在高岗上，看这片高岗铺满灰土，寸草不生，脚稍移拨一下就露出弹壳、弹片等，周围房墙千疮百孔，烟囱被拦腰砍断，还有两辆受伤的坦克停在岗顶……当年英勇的苏联红军拼死保卫祖国的现象仿佛就在眼前，我们更能感受到社会主义来之不易！

返回莫斯科，见到的则是城市和文化建设繁荣昌盛。社会主义国家美好的发展前景，如莫斯科大学、地下铁道系统，在年轻人心中留下了深刻的印象。至于苏联卫国战争胜利塔，更让人相信社会主义的力量是不可战胜的。这座塔是用德国人运来的石料砌成的，原本是希特勒想攻在克莫斯科后在城中心建一座征服苏联、获得胜利的纪念塔，怎料妄想永远成不了现实！

我们沿俄罗斯的母亲河——伏尔加河从莫斯科一直到出海口苏契，沿途参观了城市，感受苏联建设成就和文化。伏尔加河流域像我们的长江流域一样，是苏联中心地带之一，文化发达，历史悠久，在社会主义思想引领下发展得更加兴旺。

总之，参观学习使我知道：①苏联人民对社会主义诞生和发展做出很大贡献，社会主义来之不易，守护不易。②苏联人民是我们真诚的朋友。

4. 领袖的教诲

临出国前，党和国家领导人刘少奇、周恩来分别给我们讲话。

刘少奇在留苏预备部礼堂对全体留学人员讲了许多勉励的话，提出要求和希望。我至今记忆犹新的有两点：①留学的使命是学好本事，为国家贡献一生。他说："你们的父兄在解放战争和抗美援朝战争中奋斗流血牺牲。现在不要你们到朝鲜去，不用流血牺牲，而是（需要你们）到苏联去，好好学习，进一步了解社会主义，建设社会主义，德智体全面发展，成为国家建设的中坚力量。"②学习成绩最好是 5 分（优秀）；勉强是 4 分（良好）；太差是 3 分（及格），若只得 3 分，就应卷铺盖回来。

随后，周恩来总理在中南海怀仁堂大礼堂接见我们，给我们谈留苏的光荣任务，勉励我们好好学习，要做到纪律好、学习好、身体好"三好"，学成后回国参加建设，用先进的技术为祖国做贡献。我第一次亲眼见到周总理，他从容、慈祥，面带笑容，向我们招手致意，确是有风度的美男子！

很快，我们就整装出发，前往苏联。大家牢记领袖的嘱咐和教诲，精神饱满。列车载着我们，从北京出发，历时 10 天到达苏联首都莫斯科。

1957 年 11 月 7 日是十月社会主义革命胜利四十周年纪念日。世界各国的共产党都派代表团前来参加庆典，其中包括毛泽东主席率领的中国共产党代表团。庆典期间，毛主席很忙，但还是抽时间给我们这些在莫斯科的留学生讲话。这次讲话过程有详细报道，他说："世界是你们的，也是我们的，但归根结底是你们的。你们青年人，朝气蓬勃，正在兴旺时期，好像早晨八九点钟的太阳，希望寄托在你们身上。"身材魁梧的毛主席站在讲台。同学们全体起立，热烈鼓掌，听取毛主席的教诲。

我们将领袖们的教导铭记于心。后来的事实也证明了，我们留苏学生学成回国后，在各自岗位上做出贡献，成为国家建设各条战线上的骨干力量，其中包括航天、军工和材料等行业的专家，出了许多院士、研究员和高级工程师。

5. 求学成才的好志向

我在初中阶段已有求学成才的志向：通过学习获得知识，努力深造，争取成为一名工程师。当时，工程师有专业技术，凭本事就能赚钱。我想以此改变家境，让辛苦的长辈生活得稍好点。身处旧社会，政府腐败，民不聊生，大家挣扎在生存线上，觉得只有靠个人奋斗才能有出路。

1949 年丽水解放了，新社会开始了。我正在读高中，学校教育开始转变，政治课也开了，人们的思想逐步改变。姐姐已成为革命干部。我在人民助学会的资助下，高中毕业后考入大学，感到社会对自己的发展很有帮助。进浙大后，我受触动最大，很快将学习成才的志向从个人奋斗转向为社会而努力；留苏学习后，我确立了为国家、为社会奋斗的坚定志向。学习成才的志向坚定不变。我以优秀的成绩完成学习任务，满怀信心地进入社会，参加大规模的社会主义经济建设，用事实证明没辜负领袖的教诲和党的培养。

学业优秀毕业证书、教授级高级工程师资格证书两份证书是我求学、成才、立志的见证。

6. 感言

摘录回忆后，正值中国共产党成立 100 周年大会在天安门广场隆重举行。我看了直播和转播，心情极佳，十分兴奋。其中有四位青少年代表向党献礼，发出青春的誓言："请党放心，强国有我！"这让我回想起 60 多年前的 1957 年，我正在苏联大学五年级学习，是个 24 岁的青年。当时，大家听了毛泽东主席的"希望寄托在你们身上"的讲话后，纷纷发言，万分激动，都表示要听党的话，好好学习，掌握本领，为祖国建设尽最大努力，决不辜负毛主席的期望和祖国的培养。仿照当今青少年的誓言，可简练地表达为："请党放心，建设有我！"抚今忆昔，感到欣慰：国家强盛了，有我们的微薄贡献！我们没有落后于时代！

（应浙江省丽水中学领导约写。）

九十华诞感言（写于 2023，补充于此）

光阴似箭，从青春立志到耄耋残年，自觉只是一瞬间。值得庆幸的是，我这一生事业过程同国家规划大工程进展相交，并融于其中：参加毛泽东主席决策的大三线建设，加入冶金部确定的援外工程专家组，以及退休前后研发成功与推广应用的硅制粉技术为国家荒漠治理、新能源和双碳双控工程、网络强国提供优质硅粉材料，为国家发展奉献一份力所能及的"精彩"。在集体奋斗中，我不辜负自己的年华，虽有遗憾，但没虚度此生！

《冲旋制粉技术的理念实践》问世

——兼谈实用技术的研究

我写的《冲旋制粉技术的理念实践》这本书，内容归属粉体工程技术，主要介绍了经济发展中需要硅、石灰石等脆性材料。我经多年研究、设计和生产实践，总结了一些有价值的经验和理念，在实践和理论两方面都有所成就。为积累这些对社会经济发展有利的技术资料（尤其是硅制粉方面的丰硕内容），为生产发展贡献微薄的力量，特将其写成文字材料，供同行们交流参考。

我从事的是科技应用研究，要面向经济、面向生产，在经济生产领域内确定待解决的问题、研究方向和课题，结合具体问题，同使用方合作开展研发工作。硅、石灰石等粉体工程技术的研究就是这样开始的。硅加工是新兴行业，课题研究的途径就是研究、试验、设计、制造、安装、调试验收及投产。我均主动参与，承担技术指导工作，尤其是技术传授、现场培训等。目前已投产逾百条生产线，大部分是如此建成的。生产线建成后，又经常同现场保持联系，及时处理问题，积累资料，分析理论，改进设计，技术水平逐步提高，生产指标渐次升级。粉体技术在国内发展很快，并已走出国门。这里遵循的研究路线为：由基础知识和初步实践，总结得理念，经研究改进设计，再实践，再总结，逐步深化理念，改善设计，提高实践水平，充实理念，夯实生产基础，使产品指标达到领先水平。该书旨在呈现全套冲旋制粉技术（包括工艺和设备），并经实践考验形成的新的硅粉生产模式。其特点正是：高质效，低能耗，调控灵活，维护可靠和安全环保。冠名为：冲旋生产模式。当前它正处在技术成长·成熟期 S 形曲线的上升段。如近期，我们又研究了"对撞融合"制粉技术，解决硅细粉（$d50=50\mu m$）问题。上述特点中，比如高质效，包含的内涵很丰满，可概括为：根据有机硅合成工艺要求，自主确定质量标准，达到"硅粉高质效构型"：①粉粒具有高原子态势；②粉体粒度高集质分布。经统计，有机硅合成指标因此获得明显提升。事实证明，冲旋制粉技术和生产模式，以"用户至上"为服务主旨是完全正确的，今后仍应坚持。

理念和实践的相互充实提高，是研究和解决问题的思路、方略，着重体现在粉体加工原理、机理和动力学分析及相应措施上。理念的兑现依赖于实施的方法，使理念和实践紧密结合，环环相扣，达到高效。我经多年践行获得"理念实践的辩证技法"，将哲理、学理和实理融合一体，汇集于技术研究，作为该书的重要内容。该书显示了一个重要体念：将理论自然地融入实践，很"舒展"地显示在实践里；而实践很"明朗"地印证理论，"坦然"地承载理论。循着此理，我在量子理论的指引下，基于场流理论基础，提出"力能流"学说和探明硅的晶体微观结构、性能的方法；运用力能流诱导晶体解应变响应，使硅焕发天然活性，并详细阐明制取高质效硅粉及确立其构型的理论基础和机理；建立了制粉机的立式和卧式型谱，冲旋和对撞粉碎模式，拍刀、劈刀和棒刀的制粉机具模配，以及粉碎速度、粒度等调控技式，形成优化的冲旋制粉技术和生产模式，供生产应用。

行文至此，可以表达我的心愿：全身心地使三理（哲理、学理和实理）凝聚在制粉技术（工艺和设备）里，从而产出高活性构型的粉体，通过参与继后的合成变化，赋予产品优异的品质。

按照上述思路，该书分成上、下两篇：上篇介绍冲旋粉碎技术；下篇为专题研究论述。上篇共11章，介绍冲旋制粉工艺和设备的基本原理、机理、操作使用技术，着重介绍调试和高产技术，偏重于制粉中的粉碎和筛分两工序。下篇主要对硅制粉的技术理论和实践，按公开发表和未发表时序分列，成硅粉（Ⅰ）和硅粉（Ⅱ）两部分。

我限于学识和实践，能说明的问题面窄，论述不深。不过，硅是当今和未来急需的材料，人们对它的加工寄予渴望和需求，太阳能转换成电能和热能，灵便的通信网络，各类器材都离不开它，而当今硅芯片更具重大战略意义。这正是我们从事研究的动力源泉。值得投入自己的努力，为硅业兴盛自奋蹄！同时，感到自己的事业与国家治理荒漠、"双碳"绿化建设相融，极为幸运。

该书经过专家评审和推荐，其意见附于后。

推荐专家意见（1）

《冲旋制粉技术的理念实践》主要针对硅、石灰石等粉碎加工的理论与实践进行，提出了冲旋粉碎技术。著者对撞式冲旋制粉机和技术，把粉体加工原理、机理和动力学分析及相应措施应用于实际，在有机硅、多晶硅粉生产上取得突出成效。如著者创建了"双转子两段冲旋和一段对撞粉碎"技术和理论，并在实际生产应用中得到充分的检验与认证。著者从硅组织结构和性能出发，对粉碎工艺设备、粉体形态与性质进行系统的研究，对硅粉活性的表征及其检测方法等做了开创性的引导工作，并应用于制粉工艺、粒度调控、设备改进等方面，取得突破性成效，也经受住生产实践的检验。因此，我认为该专著的学术水平达到国际先进水平，是值得推荐给同行学习与参考的。

该专著在生产应用方面具有显著的优势，其中有从年产数千吨到10万吨硅粉和脱硫粉百万吨不同量级的实践案例，对粉体加工产业实践具有很大的参考价值。

著者长期从事冶金机械和压力加工工作，负责和参加大小工程与研究课题上百项，具有非常高的学术素养，对粉碎理论不断探索，亲力亲为解决实际生产问题，理论与实践水平达到很高的水平，尤其在硅、石灰石冲旋粉碎的理论与技术方面的贡献是显著的。

该专著将理论与实践结合得很好，尽可能应用通俗易懂的语言，将最新的科研成果及自己的心得体会相结合，有利于不同层次的粉体加工者学习。

推荐专家意见（2）

《冲旋制粉技术的理念实践》是一部介绍采用物理粉碎加工技术处理硅、石灰石等脆性材料的理论和实践的专著。该书作者通过对冲旋粉碎加工的动力学分析和机理研究，创建了"双转子两段冲旋和一段对撞粉"的理论和技术，结合硅的组织结构和性能，对工艺设备、粉体形态与性能之间的关系，硅粉活性的表面特性及检测方法进行相关研究和探索，提出了冲旋粉碎的加工工艺和技术，并在实际生产中大量应用和验证，成效十分显著。总之，该专著通过对物理制粉工艺的研发过程、实用技术及其学术思想等的详细叙述，将物理与实践紧密结合，内容翔实，观点清晰，深入浅出，易懂实用。其学术水平达到国内先进水平，是一部非常值得同行学习和参考的专著。

该书作者长期从事科技应用研究，特别在冶金机械和压力加工专业方面理论知识扎实，实践经验丰富，具有很高的学术素养和很强的解决实际问题的能力，尤其在硅、石灰石冲旋粉碎的理论和技术方面贡献十分显著。

同行评议专家意见（1）

《冲旋制粉技术的理念实践》主要介绍硅、石灰石等粉碎加工的理论与实践，提出了冲旋粉碎技术。著者把粉体加工原理、机理和动力学分析及相应措施应用于实际，从硅组织结构和性能出发，对粉碎工业设备、粉体形态与性质进行系统的相关研究，对硅粉活性的表征及其检测方法等做了开创性的引导工作，并应用于制粉工业、粒度调控、设备改进等方面，取得突破性成效，也经受住生产实践的检验。该专著在生产应用，尤其对粉体加工产业实践具有较大的参考价值。

同行评议专家意见（2）

该书全面总结了作者几十年来在冲旋粉碎领域的研究成果，通过对物理制粉工艺的研发过程、实用技术及其工程设计等的详细叙述，将理论与实践紧密结合，内容翔实，观点清晰，深入浅出，实用性强。

自　跋

　　本书内容偏重于技术实践，是《冲旋制粉技术的理念实践》的应用和完善的进一步阐述，作为该书续篇。随着生产的发展、技术的展开，对制粉工艺设备的要求日益提高，出现的问题的难度和深度都在加大，承录的资料越来越多。本着精炼的目的，遴选主要内容编入本书。

　　在本书的编写过程中，从收集、分析、校核、研究到成文都得到各方帮助，特此表示衷心的感谢！借此机会，还要特别感谢协助绘图、整编文稿的叶雪君、虞娌娜女士等。最后，感谢浙江大学出版社编辑的辛苦付出。